U0381651

"果树栽培修剪图解丛书"
编写委员会

果树栽培修剪图解丛书

设施**西瓜**

高效栽培技术图解

林 燚 主编

第二版
Second
Edition

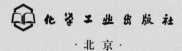

化学工业出版社

·北京·

内容简介

本书由"中国大棚西瓜之乡"浙江省温岭市从事西瓜科研、推广、生产的一线从业人员根据多年科研成果和生产实践经验编写。全书围绕设施西瓜高效、优质、安全的生产目标，重点介绍了设施西瓜优良品种、设施西瓜育苗和栽培技术、设施西瓜病虫害绿色防控技术、设施西瓜采收和采后处理技术等，并阐述了工厂化育苗、肥水一体化、平衡施肥、长季节栽培、轻简化栽培、花粉保存等一些新成果、新技术，以期为广大瓜农和从事西瓜生产与推广的农技人员提供参考，促进我国设施西瓜产业的发展。

图书在版编目（CIP）数据

设施西瓜高效栽培技术图解/林燚主编．—2版．
—北京：化学工业出版社，2021.11
（果树栽培修剪图解丛书）
ISBN 978-7-122-39845-1

Ⅰ．①设⋯　Ⅱ．①林⋯　Ⅲ．①西瓜-瓜果园艺-设施农业-图解　Ⅳ．①S651-64

中国版本图书馆CIP数据核字（2021）第175097号

责任编辑：李　丽　　　　　　　　　　装帧设计：韩　飞
责任校对：宋　夏

出版发行：化学工业出版社（北京市东城区青年湖南街13号　邮政编码100011）
印　　刷：三河市航远印刷有限公司
装　　订：三河市宇新装订厂
710mm×1000mm　1/16　印张10¼　字数136千字　2022年1月北京第2版第1次印刷

购书咨询：010-64518888　　　　　　　售后服务：010-64518899
网　　址：http://www.cip.com.cn
凡购买本书，如有缺损质量问题，本社销售中心负责调换。

定　　价：59.80元

编写人员名单

主　　编：林　燚

副 主 编：杨瑜斌　王　驰

编写人员：王　驰　王文华　王新路　王琴霞

　　　　　毛玲荣　江　鑫　辛宏权　赵灵云

　　　　　林　怡　林　燚　周　洪　於维维

　　　　　杨瑜斌　陶健力　蔡美艳　潘　静

设施西瓜
高效栽培技术图解（第二版）

前　言

　　初著此书，其目的是要把编者多年来的科研成果和生产实践经验呈现给广大瓜农和从事西瓜生产与推广的农技人员，以期为他们提供参考和应用。4年过去了，不少读者告诉编者，拙作的确起到了这一作用，这令我尤感欣慰。尤其是听到耕耘在瓜田的瓜农来电咨询新技术或求购此书时说："我们从这本书中不仅了解到设施西瓜种植新技术，而且学到了一些技术，应用效果不错。""我们觉得这本书比较实用，让我们少走了一些弯路。""我们准备尝试种植设施西瓜，哪儿可以购买到此书呢？"……在此，编者向各位读者的厚爱表示真诚的谢意。

　　此书出版后，编者探索设施西瓜栽培新技术的脚步并没有停止。近年来，编者又在西瓜花粉保存与授粉技术、设施西瓜轻简化栽培上进行了很多试验研究，并取得一些实质性成果："西瓜花粉长期保存法及相应的早春设施坐果促进法"被授予国家发明专利；设施西瓜轻简化栽培——网架西瓜成功栽培被有关媒体报道。为满足广大瓜农和从事西瓜生产与推广的农技人员对设施西瓜新技术的需求，使更多的瓜农能从中受益，本版增添了设施西瓜轻简化栽培、花粉保存等一些新成果新技术，增加了病虫害绿色防控技术，并对西瓜品种进行了增改，增加、替换了一些图片。希望再版书同样对广大瓜农和从事西瓜生产与推广的农技人员有所帮助。

编者
二〇二一年一月

设施西瓜
高效栽培技术图解（第二版）　**第一版前言**

　　我国是世界西瓜生产与消费第一大国，也是世界设施西瓜面积和产量最大的国家。我国设施西瓜的发展，不仅增加了瓜农的经济收益，也满足了广大城乡居民对高品质西瓜的消费需求。

　　近年来随着我国设施西瓜的不断发展，设施西瓜品种不断涌现，种植模式不断出新，特色产区不断形成，栽培技术不断提高，瓜农收益不断增加。但与此同时，广大瓜农在应用设施西瓜新品种、新技术时，因为不得法而达不到高产高效。为了指导广大瓜农掌握设施西瓜栽培技术和病虫害防治方法，我们编写了本书。

　　本书围绕设施西瓜高效、优质、安全的生产目标，重点介绍了设施西瓜优良品种、设施西瓜育苗技术、设施西瓜栽培技术、设施西瓜病虫害防治技术、设施西瓜采后处理技术等，并阐述了工厂化育苗、肥水一体化、平衡施肥、长季节栽培等一些新成果新技术。

　　由于编写水平有限，时间仓促，存在疏漏之处在所难免，恳请广大读者批评指正。

编者

2016年6月

第一章

设施西瓜生产概述

设施西瓜发展历程与栽培意义

西瓜在我国10多个省市为主要农作物，足见其在农业生产中的重要地位。然而，在长江流域及其以南的一些省份，西瓜产量不稳定、品质差的现象时有发生，主要原因是这些省份在西瓜生长季节尤其是开花坐果期雨水多、梅雨期长、日照少、光照不足，从而造成坐果困难、产量低、品质下降。要改变这种状况，目前最为可行的办法是进行设施栽培。

西瓜设施栽培是指在不适宜西瓜生长发育的寒冷或炎热季节，利用专门的保温防寒或降温防雨设施、设备，人为地创造适宜西瓜生长发育的小气候条件进行生产。其栽培的目的是在冬春严寒季节或盛夏高温多雨季节提供西瓜上市，以季节差价来获得较高的经济效益。因此，西瓜设施栽培又称为"反季节栽培"或"保护地栽培"。在西瓜生产上，设施栽培主要用于西瓜春季提早栽培、夏季避雨栽培和秋季延后栽培。

一、设施西瓜发展历程

我国在西瓜设施栽培的研究和应用研究上起步较晚，但目前取得了很大进展和良好效果。20世纪90年代，浙江、上海等地采用大棚栽培西瓜获得成功，产生了良好的经济效益和社会效益，随后在江苏、山东、海南、广东等地进行了较大规模的栽培，所产西瓜运销全国各地，并基本形成了周年供应。特别是20世纪末和21世纪初，随着江浙一带的瓜农带资金、带技术、带种子在全国各地大中城市郊区推广西瓜设施栽培技

设施西瓜高效栽培技术图解（第二版）

术，尤其在长江流域及以南的一些省份如湖南、湖北、江西、四川、广西、云南等，该项技术得到迅速普及，经济效益和社会效益可观。目前我国设施西瓜栽培面积已达1104.6万亩（1亩=667m²）以上，跃居世界设施西瓜面积首位。

二、设施西瓜栽培意义

西瓜原产南非，喜温、喜强光、怕涝，因此，营造适合西瓜生长发育的环境条件，是西瓜生产获得高产、稳产、优质的保证。在这些气候因素中，雨水的多少及梅雨期的长短在长江流域及其以南地区成为影响其产量及品质的关键因素。根据长期的生产实践，在西瓜生长发育的关键季节，雨水多的年份，这些地区西瓜的产量就低，品质就差，而雨水少的年份，西瓜的产量就高，品质就好。

西瓜为雌雄同株异花植物，需授粉后才能坐果，西瓜花向上开放，当雨水落入花中，花粉浸泡后爆裂，因而下雨时西瓜不能完成授粉。在长江流域的西瓜生产中，开花坐果期正值该地区的梅雨期，梅雨期越长，危害就越大。西瓜坐果一旦错过最佳时期，将产生恶性循环，如坐不住瓜、后期高温逼熟等情况，导致产量、品质降低。雨水多不仅影响坐果，而且还会引起病害的发生和蔓延，如高温高湿条件下易发炭疽病，低温高湿条件下易发疫病，水流及雨水反溅将扩大炭疽病、疫病、枯萎病的蔓延，从而进一步影响产量和品质。

采用设施栽培，可以从根本上解决雨水的影响，从而保证西瓜生产的稳产性，提高品质。

设施西瓜生产现状和发展趋势

一、设施西瓜生产现状

我国是世界西瓜生产与消费第一大国，2018年我国西瓜的收获面积、产量分别为2248.65万亩、$6.28×10^{10}$kg，占全球西瓜总面积和总产量的46.25%、60.43%。同时，我国也是世界设施西瓜面积和产量最大的国家。2018年，我国设施西瓜面积和产量占我国西瓜总面积和总产量的49.1%、54.45%。而且，我国设施西瓜生产已逐步走向多元化、区域化、规模化与专业化。

（一）设施西瓜栽培模式

经过多年的发展，我国设施西瓜栽培模式呈现多样化，既有北方设施西瓜早熟高效优质简约化栽培，也有南方中小棚西瓜高效优质简约化栽培、华南反季节西瓜高效优质简约化栽培、城郊型观光采摘西瓜栽培等多种模式。

（二）设施西瓜栽培的主要产区

目前，我国已形成具有特色的设施西瓜主要产区，黄淮海大中棚西瓜主产区（北京、天津、山东、河北、河南、安徽等）、长江中下游中小棚西瓜主产区（上海、江苏、江西、浙江等）和华南中小棚西瓜主产区（广西、广东、海南、福建等及西南热区，西南热区包括云南西双版纳和四川攀枝花）。黄淮海大中棚西瓜主产区以北方设施西瓜早熟高效优质简约化栽培模式、城郊型观光采摘西瓜栽培模式为主，推广山东昌乐大拱棚栽培技术（山东昌乐模式）。长江中下游中小棚西瓜主产区以南方中小棚西瓜高效优质简约化栽培模式、城郊型观光采摘西瓜栽培模式为主，推广浙江温岭设施西瓜长季节栽培技术（浙江温岭模式）。华南中小棚西瓜主产区以华南反季节西瓜高效优质简约化栽培模式、城郊型观光采摘西瓜栽培模式为主，推广浙江温岭设施西瓜长季节栽培技术（浙江温岭模式）。

（三）设施西瓜栽培存在的问题

尽管我国设施西瓜生产已经取得了较为突出的成绩，在国际上也占有一定地位，但应该看到，我国只属西瓜设施栽培大国，而不是设施西瓜栽培强国。我国设施西瓜的发展尚存在一些突出的问题，主要表现在以下方面。

1. 设施结构不够合理、生产安全性较差

我国从事设施西瓜生产的大多数农户由于资金困难，仍主要采用简易型竹木结构塑料拱棚，设施简陋、结构不规范、性能较差、空间小、作业不便、劳动强度大、产出率低，缺乏有效抵御冬春低温、高湿、寡照，夏秋季高温、暴雨等不利气候的措施，西瓜长期处于亚适宜环境。虽然我国目前大力推广以镀锌钢管为骨架的设施，但一些钢管大棚建设不达标，抗风雪灾害能力较差，导致冷害、冻害频发，且设施普遍缺少必要的环境调控装备，温、光、水、气等小气候环境调控能力差，低温、高湿导致病害呈多发趋重态势。所以，栽培设施的设计与建造有待根据各地的气候、地理、生产要素特点进一步完善，使之能够更加充分利用自然能源，增强保暖、透光效果，降低建造成本和使用成本，使设施材料在栽培使用时更方便、更耐久，有利于提高设施栽培生产的效益。

2. 缺乏设施栽培专用品种，影响效益发挥

目前我国西瓜品种中尚无优良的设施栽培专用品种，而普通早熟、中熟西瓜品种的耐低温、耐弱光、抗重茬以及坐果性、早熟性等方面

在设施栽培中都有许多不足之处。同时在适应春季、秋季等不同时期栽培特点的配套品种方面国内育种单位做得更少。由此形成设施栽培生产上一方面品种的类型比较单一，有特色的品种很少，另一方面彼此雷同的同类品种过多，名称、品牌虽不同，但在生产和市场上的表现差异很少。

3. 标准化生产程度不高，影响产品和产量

由于很多瓜农在设施栽培中施肥、灌溉、整枝、授粉留果、病虫害防治等生产环节上随意性很大，规范性差，造成我国设施栽培的西瓜产量差异较大，以及果品商品性状水平低、不整齐，缺乏标准，与国际通行的市场经济规范差距较大，同时因盲目多施化肥、多用农药，栽培成本高、污染环境，影响了生态平衡与设施西瓜的可持续性发展。

4. 连作障碍日趋严重，产品质量安全性有待提升

由于设施的固定性以及栽培作物的单一性、重复性，大量化肥的不合理使用，加之土壤管理措施不当，随着设施栽培年限的增加，造成土壤养分不平衡，引起土壤微生物种群改变、土壤结构破坏和次生盐渍化以及养分障碍的发生，有害物质积累、病虫害发生频繁、根结线虫危害严重，连作障碍逐年加重，使西瓜生长发育不良，产量和品质下降。连作障碍日趋严重已成为我国设施西瓜生产的重要瓶颈。值得关注的是，由于防治设施西瓜病害药剂的不合理施用，使得产品的安全性降低，环境污染严重。据估计，我国常年发生的设施西瓜病虫害多达几十种，造成严重危害的有50余种，产量损失超过25%。

5. 组织化程度不高，劳动生产率较低

目前，我国设施西瓜产业仍以个体农户生产经营为主，能够发挥作用的农民经济合作组织较少。就整体而言，耕作、播种、施肥等生产过程绝大多数仍靠人工进行，作业环境差、劳动生产率低、劳动强度大，目前我国设施西瓜产品的产值与劳动生产率只相当于发达国家的十分之一、甚至百分之一，规模化、产业化的水平较低，小农经济的生产经营与日益发展的市场经济矛盾越来越突出，更难以走出国门与国际市场接

轨，生产效益低下，设施西瓜的经济效益难以体现。

二、设施西瓜发展趋势

我国要向设施西瓜强国迈进，必须在设施类型、调控环境、专用品种、栽培技术等方面有所突破。

1. 研究推广优化型设施

根据我国农业与经济的发展水平，设施西瓜栽培在一定时期内仍需以塑料大中棚设施栽培为主，推广日光温室设施栽培。有关设施工程研究开发单位应在提高日光温室或塑料大棚的能源利用率与环境调控能力、减轻劳动强度、提高劳动生产率方面加以研究和改进。特别是对日光温室的墙体、结构、设计参数、性能等方面进行系统研究，如永久式日光温室采用无支柱、钢结构标准构件，夜间保温覆盖采用机械传动的新型保温设施，以逐步提高能源利用效率，减轻农民的劳动强度，提高生产力水平。

2. 选育、推广设施西瓜专用品种

通过引进、协作、攻关等各项措施，尽快选育、推广适合我国各地条件的设施栽培专用优良品种，重点是耐低温、耐弱光、抗逆性好、坐果性好，且具有良好的外观的优质新品种。在不断完善新品种选育的过程中，通过品种审（认）定等加强品种的知识产权保护工作，以保护育种家的合法权益。同时，要进一步规范种子市场，制止伪劣种子的流通上市和少数种子经营中的暴利现象，以利于设施西瓜栽培在农业结构调整中的扩大发展。

3. 稳步推进标准化生产

根据各产区的生态与生产条件，针对不同栽培设施、不同栽培品种、不同市场商品化要求，通过对一系列综合农艺措施的研究，提出设施栽培管理的量化指标，明确各类条件下的种植工艺和系统、完整的栽培技术。要积极研究和制定颁发与国际惯例接轨的西瓜上市果品标准，提倡

生产者和产地管理部门积极采用果品品牌与商标的市场信誉制度，以适应农产品市场竞争形势。

4. 解决设施栽培连作重茬问题

随着设施西瓜的发展，连作重茬问题将会逐渐突出，应根据不同条件积极采用嫁接栽培，重视适合我国各地条件的砧木品种选育，根据当地生产水平积极发展适合当地情况的无土栽培，特别是基质型无土栽培，保证设施栽培西瓜的产量与品质。

5. 逐步完善推广服务体系

近年来，随着我国不断加大对设施农业科技资金的投入力度，一些制约设施农业生产的关键技术和共性技术得到突破，然而基层农技推广服务体系的不完善，使得一些好的技术停留在科研者手中，未能进入种植户手中。未来一段时期，需要重点深入基层推广服务体系的改革与建设，提升基层农业技术推广科技者的服务能力和服务水平，推动我国设施西瓜产业的发展技术水平。设施西瓜产业分为产前、产中和产后三个不同阶段，其中产中阶段目前仍然以一家一户的农户种植模式为主，但一家一户的农户种植模式难以与大市场很好地衔接，因此，在产前和产后构建产业协作组织，将小生产和大市场有机地联系起来，有利于提高市场竞争力，促进设施西瓜产业的整体发展。

第二章

西瓜栽培的
生物学基础

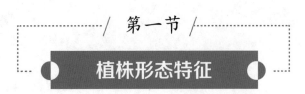

一、根

西瓜属葫芦科、西瓜属一年生蔓性草本植物。西瓜为主根系，属圆锥根，由主根、多次侧根、根毛组成。西瓜根系深广，在土层深厚、土质疏松、地下水位低及直播条件下，根系的分布范围横向达3m，深达2m，主要根群分布在20～30cm的耕作层内。茎节处能形成不定根。胚根顶端0.6～1.0mm处是根冠的分生组织，是根细胞和组织分化区，由表皮细胞延伸为根毛，从中柱分生侧根，逐渐形成根系。在耕作层的主根上发生20多条侧根，二次根与一次根在同一土层，与主根呈40°～70°的角度发生。西瓜根系的特点是，初生根发生较少，纤细，易损伤，木栓化程度较高，再生能力弱，不耐移植。西瓜根系的分布因品种、土质及栽培条件的不同有很大的差异。

二、茎

蔓性，幼苗期节间极短缩；叶片紧凑，呈直立状。4～5片真叶后节间伸长，匍匐生长。茎的分枝性强，每个叶腋均形成分枝，可形成3～4级侧枝，其分枝特点是，在主蔓上2～5节叶腋形成子蔓，长势接近主蔓，为第一次分枝；在主蔓第二雌花后若干节抽生子蔓，生长也较旺盛，为第二次分枝高峰，其后因植株挂果，分枝力减弱。丛生西瓜节间短缩，分枝较少，由于节间短而成丛生状。无权西瓜主蔓基部很少形成侧蔓，因此栽培时无需整枝。

茎的胚轴由表及里为表皮、厚壁组织（5～6层，具叶绿体）、厚角组织及薄壁组织。在薄壁细胞中，维管束纵向排列，中央髓部出现空腔。胚轴有6束维管束，横切面椭圆，子叶方向较宽。茎横切面呈五棱形，具10束维管束。瓜类茎的解剖特点是，双韧维管束，木质部内、外侧都有韧皮部，具有大输导管。

三、叶

单叶，互生，由叶柄、叶脉和叶身组成。成长叶为掌状深裂，边缘有细锯齿，全叶披茸毛。子叶椭圆形，子叶大小与种子大小有关。第一片真叶小，近矩形，裂刻不明显，叶片短而宽；其后逐渐增大，裂刻由少到多，4叶至5叶后裂刻较深，叶形具品种特征。根据裂刻的深浅和裂片的大小，可分成狭裂叶型、宽裂叶型和全缘叶型（甜瓜叶型）。西瓜叶片的大小因品种、长势、着生位置的不同变化很大。

四、花

西瓜的花为单性花，有雌花、雄花，雌雄同株。有些品种少数雌花的雄蕊发育完全，其花粉具有正常的活力，为雌型两性花（图2-1～图2-3）。

图2-1 雌花

图2-2 雄花

图2-3 雌型两性花

雌型两性花的发生因品种不同而异。花单生，着生于叶腋。雄花发生较雌花早，雄花在主蔓第3节叶腋间开始发生，而雌花着生节位因品种而异，早熟品种在主蔓第5～7节出现第一雌花，中熟品种在主蔓第7～9节出现第一雌花，晚熟品种在主蔓第10节或第11节以上出现第一雌花。雄花萼片5片，绿色，花瓣5枚，黄色，基部连成筒状，花药3个，呈扭曲状。雌花柱头宽4～5mm，先端3裂。雌花柱头和雄花花药均具蜜腺，靠昆虫传粉，为典型的异花授粉作物。在自然生长条件下形成200～300朵花，但雌花仅占10%左右。主蔓上雌花率占3.5%～4.0%，子蔓上雌花率占16%，而孙蔓雌花率高达27%。子蔓出现雌花的绝对值最多，约占全株雌花数的一半。子房形状与果形有关，长果形品种子房长圆筒形，圆果形品种子房圆形。

五、果实

果实由子房发育而成，瓠果。果实大小品种间差异悬殊，形态多样。果实形状可分为圆形、高圆形、短圆筒形、长圆筒形。果实大小差异很大，大的可达15～20kg，如新红宝等；而小的只有0.5～1.0kg，如早春红玉、特小凤等。

果皮色泽可分为淡绿色、黄色、深绿色或墨绿色。果实上具细网纹，或有隐条，或覆深绿色或墨绿色条带，条带又分窄带和宽带。其果肉色泽有淡黄色、深黄色、淡红色、玫瑰红色与大红色等。肉质有疏松、致密之分，前者易沙、空心，不耐储运；后者不易空心、倒瓤。果皮厚度及硬度因品种而异。

西瓜果实由下位子房发育而成，三心皮构成三室。心皮与心皮处组织没有明显的界线，心皮的排列多数认为是侧膜胎座。发育的种子包埋在薄壁组织里，并不划分出腔室。子房中央具有典型的倒生侧心皮束，而且轻轻地撕开充塞在腔内的组织，可以显出胚珠和果壁分离，着生在向内弯曲的组织片上。

果实由果皮、果肉和带种子的胎座3部分组成。果皮由子房壁发育而成，细胞组织紧密，具有比较复杂的结构。最外一层为密排的表皮细胞，表皮上有气孔，外面有一层角质层，表皮下面配置8～10层细胞的叶绿素带或无色细胞，即为外果皮。紧接着是几层由厚壁木质化的石细胞组成的机械组织，其厚度与木质化程度决定品种间果皮的硬度。其内是肉质薄壁细胞组成的中果皮，通常无色，组织紧密，多水，可溶性固形物含量不高，即习惯上所称的瓜皮。果肉即通常所称的瓜瓤，主要由薄壁细胞组成，细胞间隙大，形成大量的巨型含汁薄壁细胞，其最大的细胞直径可达300～500nm。

果实外部的颜色因表皮下薄壁组织的质体不同而异，绿色果实的质体是叶绿素，黄色果实的质体是有色体。

六、种子

西瓜种子由种皮和种胚组成。种皮坚硬，其内有一层膜状的内种皮。胚由子叶、胚芽和胚根组成。子叶肥大，能储藏大量养分。种子扁平，呈卵形或矩形，先端有种阜和发芽孔。种子大小差异悬殊。种子色泽可分为白色、黄色、红色、褐色、黑色，更因其深浅而不同。种皮光滑或有裂纹，有些具黑色麻点或边缘具有黑斑，可分为脐点部黑斑、缝合线黑斑或全面黑斑。

第二节

西瓜生育特点

一、生育周期

设施西瓜从种子萌动到第一批瓜采收约100天，可分为发芽期、幼苗期、伸蔓期和结果期。设施西瓜长季节栽培可以采收多批西瓜。

（一）发芽期

从种子萌动至子叶平展，苗端形成2～3个幼叶为发芽期，在25～35℃条件下约需10天。此期靠种子储藏养分转化而维持生存，地上部干重的增长量很少，胚轴是生长的中心。根系生长较快，生理活动旺盛。

（二）幼苗期

从第1片真叶显露至5片或6片真叶团棵期为幼苗期。在20～25℃条件下，通常需15～18天，可分为二叶期和团棵期。

二叶期指露心到第2真叶开展。此期下胚轴和子叶的生长逐渐停止，主茎短缩，苗端尚有4～5枚稚叶和2～3枚叶原基，生长极为缓慢。

团棵期是指幼苗2叶至5叶或6叶阶段。苗端尚有8～9枚稚叶和2～3枚叶原基，主要是叶片和茎粗的生长。幼苗期地上部生长缓慢，侧轴、花器分化旺盛，地下部根系迅速增长。

（三）伸蔓期

从幼苗团棵至坐果节位雌花开放为伸蔓期，在20～25℃温度下，经20～25天。此期节间伸长，植株由直立生长而趋匍匐生长，标志着植株开始旺盛生长。植株干重迅速增加，增长量为终值的17.9%，增长速度加大。茎、叶干重分别为地上部干重的23.61%、74.64%，展叶数量多，叶面积增长为最大值的57%；主、侧蔓的长度分别占最大值的63.16%、68.93%。可见，伸蔓期是茎、叶生长的主要时期，是建立强大营养体的时期。此期也是光合强度和呼吸强度最强的时期，生长点是生长中心，主、侧蔓间尚无养分转移。

（四）结果期

从坐果节位雌花开放至果实成熟、采收完毕为结果期。主蔓第二或第三雌花开放至坐果，在26℃温度条件下需4～5天，此期是由营养生长过渡到生殖生长的转折时期，茎、叶的生长量和增长速度仍较旺盛，果实的生长则刚刚开始。随着果实的膨大，营养生长由强转弱，而果实为植株的生长中心。

二、环境条件与生长发育

西瓜生长的适宜气候条件是温度较高，日照充足，空气干燥的大陆性气候。

（一）温度

西瓜生长适宜温度为18～32℃，较耐高温，当气温高达40℃时仍能维持一定的同化效能。但不耐低温，当气温下降至15℃时，则生长缓慢；10℃时，生长停止；5℃时，地上部受冻。根系生长适温为25～30℃，根系伸长的最低温度为8～10℃，而根毛发生的最低温度为13～14℃。

营养生长适应较低的温度，而开花、结实、果实的生长则需要较高的温度。茎叶生长温度的低限为10℃，而坐果及果实生长温度的低限为15℃，低温能使果实扁圆、畸形、厚皮、空心。一定的昼夜温差，有利于养分的积累，茎叶生长健壮，果实可溶性固形物含量较高。

（二）日照

西瓜是需光作物。光合作用的饱和点为8×10^4lx，补偿点为0.4×10^4lx，同化能力较强。较短的日照时数、较弱的光照不仅影响西瓜植株的营养生长，而且影响结实器官的数量、子房的大小、授粉和受精过程，而对雌、雄花比例影响不大。

西瓜对光照条件的反应十分敏感。天气晴朗，表现株型紧凑，节间和叶柄较短，蔓粗，叶片大而厚，叶色浓绿；而在连续多雨、光照不足的条件下，则表现节间和叶柄伸长，叶形狭长，叶片薄而色淡，机械组织不发达，易染病。在坐果期日照不足，则影响养分的积累和果实的生长，可溶性固形物含量显著降低。

（三）水分

西瓜拥有深而广的根系，可以吸收利用较大范围和土壤深层的水分。据测定，种子发芽时，根的吸水力达 1023kPa。地上部具有茸毛，叶片深裂，可以减少水分蒸发。凋萎系数低，苗期为8.1%，伸蔓期为9.9%，表明根系能较好地利用土壤中的水分。但西瓜枝叶茂盛，生长快，产量高，产品含有大量水分，所以仍需要一定的水分，否则影响植株生长和果实膨大。

据有关资料报道，西瓜生长的适宜土壤含水量以土壤持水量的60%～80%为最经济。不同生育时期所需适宜的土壤含水量有所不同，幼苗期为土壤持水量的65%，伸蔓期为70%，而果实膨大期应保持75%左右，否则影响产量。

西瓜对水分的敏感时期，一是雌花开放前后，此时如水分不足，雌花子房甚小，将影响坐果；二是在果实膨大期，该期缺水，则果实小，严重影响产量。

西瓜要求空气干燥，适宜的空气相对湿度为50%～60%。空气潮湿则生长瘦弱，坐果率低，品质差，易发生病害；空气湿度过低，也影响营养生长和花粉的萌发。

西瓜根系极不耐涝，瓜田受淹后往往造成根系缺氧而导致全田植株死亡。因此，在多雨地区和多雨季节要选择地势较高的土地种植，并加强排水工作。

（四）气体

作物进行光合作用，需要吸收二氧化碳，释放出氧气，可见二氧化碳是构成产量的主要原料。在一定范围内，提高空气中二氧化碳的含量可明显提高同化效能，从而提高产量。据有关资料报道，西瓜二氧化碳的饱和点在1000mg/kg以上，而空气中二氧化碳的浓度仅为300mg/kg，远远不能满足需求。增施有机肥料，可提高二氧化碳的浓度；保持地表一定的气流，可补充二氧化碳。设施栽培，可用二氧化碳发生器或施二氧化碳颗粒气肥增加空气中二氧化碳的浓度，提高光合效能，从而增加产量。

（五）土壤

西瓜对土壤的适应性广，不同土质如沙荒地、海涂、丘陵红壤、水田青紫泥都可栽培。西瓜栽培在新垦地，病少，草少，故常被作为新垦地的首栽作物。

最适宜西瓜根系发育的土壤是土层深厚、排水良好、有机质丰富、肥沃疏松的壤土或沙壤土。因为结构良好的沙性土壤孔隙度高，透气性好，能满足根系好氧的需要，因而根系的生长和吸收能力强。且沙性土壤吸热快，地温较高，日夜温差较大，有利于早发、早熟，可提高果实的可溶性固形物含量。黏质土根系入土较浅，侧根呈水平方向分布于土壤表层，抗旱能力弱。沙土如沙性过强，土质较贫瘠，保水保肥性差，则果实产量也不高，并易早衰。土质肥沃的水田黏土，虽前期土温较低，生育较迟，成熟较晚，但植株长势较强，如管理适当，可以获得较高产量。

西瓜宜生长在近中性土壤中，但对土壤酸碱度适应范围较广，在pH值为5～7的范围内，均能正常生长；当pH值低于4.0～4.2时，生长受阻。栽种在酸性强的土壤上的西瓜易染枯萎病。

西瓜根系的耐盐性也较高，土壤溶液总盐量在0.2%以下，植株可以正常生长。浙江省温岭市东部海涂开垦后，土壤含盐量为1%时栽培西瓜，仍取得成功。但含盐量过高，则土壤溶液浓度也随之上升，易造成生理障碍，影响生长。

三、花芽分化

（一）花芽分化过程

西瓜多为单花，腋生，雌、雄花同株。花芽的分化和发育随着瓜蔓的伸展由下而上循序推进。通常情况下，雄花分化节位较低，而雌花的分化节位较高。

1.分化节位

以早熟品种早花为例，子叶平展露心时，生长锥小而扁平，分化叶原基。

一叶平展时，苗端具4～5片叶，在第3叶叶腋内出现雄花原基的突起，此时为西瓜花芽分化始期。

二叶平展时，苗端具10片叶，第一朵雄花原基现花瓣，雄蕊原基突起，同时在第7～8叶的叶腋出现雌花原基突起。

三叶平展时，生长锥具12～13片叶。第一朵雌花已分化完毕，第7～8叶前各叶叶腋现雄花、雄花原基、卷须及侧芽，第一雌花出现萼片原基突起。

四叶平展时，已具有15～16片叶，在第13～15片叶叶腋内出现第二雌花原基。此时第一朵雄花蕾长约3mm，花萼紧包花瓣，花丝较短，花药发育完成。第一朵雌花蕾出现花瓣和柱头原基。坐果节位的雌花已分化完成。

2. 雄花分化

可分为3个阶段，即花萼形成阶段、花冠形成阶段和雄蕊形成阶段。

（1）花萼形成阶段　最初出现的花原基为一圆锥形突起，膨大后边缘先产生5个萼片原基突起，而后逐渐伸长并于顶部相互接触时，萼片上出现表皮毛。

（2）花冠形成阶段　在萼片原基的内侧基部出现5个花瓣原基突起。当萼片原基迅速伸长时，花瓣原基变宽而伸长不明显；当花蕾长达4mm后，花瓣伸长超过萼片，此时花瓣外露，即将开放。

（3）雄蕊形成阶段　继花瓣原基的出现，在其内侧基部出现3个花丝原基突起。花丝原基略伸长后，顶端逐渐膨大而分化为花药。最初花药原基膨大较快，花丝伸长较慢，短于花药。当花蕾长3mm时，内部充满花药，花粉母细胞开始进行减数分裂，花蕾长约4mm时，花药中已形成单核花粉粒。

分化成雄花的幼蕾萼片、花瓣原基分化以后，雄蕊也迅速顺利分化，而子房不再形成，因而分化成雄花。

3. 雌花分化

雌花原基为一圆锥形突起，其萼片、花瓣、柱头的分化顺序同雄花。当萼片原基突起向上伸长时，整个雌花原基上部变宽，基部以下伸长并变粗，在萼片原基内侧出现花瓣原基，随之出现3个柱头原基，萼片上出现表皮毛。当花蕾长约2mm，柱头膨大时，花柱尚短；花蕾长约4mm时，胚珠清晰可见。从雌花原基出现至胚珠分化约需2周，此时植株第6片叶平展。

分化成雌花的花芽，当花瓣分化以后，雄蕊分化停止，而雌蕊迅速分化，因而发育为雌花。雌花部分或全部雄蕊分化，继而分化雌蕊，则发育为部分或完全的雌型两性花。

不同品种花芽开始分化的时期和雌、雄花分化节位是不同的。据贾文海（1984）观察，早熟品种花芽分化始于2叶期，而晚熟品种始于4叶期。早熟品种第一雄花在第4～6节，第一雌花在第7～8节，而晚熟品种分别在第8～9节和第10节以上。

（二）影响雌花形成的因素

1. 播种季节

仑田（1959）自3～7月采用分期播种试验后指出，播种期愈晚，雌花的节位愈高，但8月底播种的处理，雌花出现的节位又降低。蒋有条等（1985）以蜜宝为材料，春季3月23日播种的，第一雌花平均节位为7.6节；夏季7月29日播种的，第一雌花平均节位为10.4节。

2. 温度

苗期温度高，雌花的分化节位也相应提高，而较低的温度可以提早雌花的分化，雌花着生节位降低。月平均温度在22～25℃以上，主蔓第15节以下没有发生雌花。夜间温度对第一雌花出现的影响更大，如日温为20.6℃，夜温为13.5℃，第一雌花节位是9.3节，20节内雌、雄花比例为 1 ： 2.75 ；夜温上升为 16.2℃，第一雌花节位和雌、雄花比例分别为 10 节和 1 ： 3.21 ；日温为 27.4℃，夜温为 19.7℃，第一雌花节位是 10.5 节，雌、雄花比例为 1 ： 4.33 ；夜温上升为 22.3℃，第一雌花节位和雌、雄花比例则分别为 19.8 节和 1 ： 10.43。

温度对于花蕾的发育则是另一种情况。在较高的温度下，雌花蕾或雄花蕾的发育均较快。在 10℃下，需 28 天；在 12℃下，只需 21 ～ 22 天。

3. 日照

在苗期，缩短日照时数，有利于雌花的形成，主要表现为雌花节位降低，雌花数增加。如子叶开展后 25 天，每天 8h 日照处理，主蔓上第一雌花由 15.5 节下降至 8.5 节；短日照处理，子蔓上的雌花占 82%，而对照雌花仅占 72%。

据 Bose（1975）在 3 种日照条件下测定，短日照的第一雌花发生节位最早，雌花数最多，雌、雄花的比值最大；在长日照条件下，第一雌花的节位最高，雌花数最少，雌、雄花的比值最低；自然日照介于两者之间。不同品种对日照反应有所不同。对绿富研进行短日照处理，雌花节位略有下降，而对银铃无效。

4. 水分和营养条件

空气湿度较高，花芽形成早且多，有利于雌花的形成。贾文海（1982）在不同空气湿度条件下，调查雌、雄花数量和出现节位的结果表明，在空气相对湿度为 85% ～ 90% 时，第一雌花节位为 5.7 节，雌、雄花比例为 1 ： 2.81 ；而在空气相对湿度为 40% ～ 50% 时，分别为 8.4 节和 1 ： 4.86。

适宜的土壤水分，对西瓜的花芽分化和雌花的形成都有利。水分不足，可促使雄花的分化和形成；水分过多，则引起秧苗徒长。

植株的营养条件与西瓜花芽分化有着密切的关系，土壤营养充足，光照条件好，根系吸收养分和水分正常，叶片同化效能高，同化物质积累多，茎、叶生长充实，雌花分化好，雌花的密度和质量高；相反，光照不足，茎、叶徒长，雌花密度稀，则影响坐果。

5. 生长调节剂

赤霉素有促进雄花发生、抑制雌花发生的作用。用赤霉素处理后，单株总花数与对照差别不大，仅表现为雄花数增加而雌花数减少，因而改变了雌雄花的比例。

2-氯乙基磷酸（乙烯利）则抑制雌花的形成，表现为雌花出现的节位和时间推迟，且雌花很少，雄花数也有所减少。

第三节

果实的发育

一、果实的生长过程

普通西瓜雌花开放至果实的成熟时间因品种而异，需30～40天。西瓜果实的生长，可分坐果期、果实生长盛期和变瓤期。

（一）坐果期

雌花开放至坐果，需4～5天。此期果实体积、干重的增长仅占总值的0.8%。果柄已基本形成，其长度和粗度分别达终值的95%和80%以上；果皮生长比胎座快，此期结束时，果皮的厚度已达终值的46%，而胎座半径仅达13%，种子雏形呈膜状，重量仅占其终值的1%。

（二）果实生长盛期

退乳毛至果实体积基本定型约经21天。此期果实迅速生长，其体积和干重的增长占终值的90%左右。种子主要是种皮的生长，干重增长占终值的85.92%，种仁增长占终值的43.85%。

（三）变瓤期

果实体积和重量仍略有增长，其增长量分别占终值的7.18%和11.5%，胎座迅速转色，种皮和种仁的干物重在此期的增重各为终值的13.2%和56.16%。此期主要是种仁的增重和化学成分及色素的变化。

二、果实的重量和体积变化

仓田（1967）指出，雌花开放后，35～40天果实成熟。果实生长主要在前半期，果径迅速生长是在开花后12天，达终值的60%；开花后22天达85%，日增长量以开花后的6～12天为最高，12天以后至22天是它的一半，以后锐减。果实体积的增长，第12天是终值的25%，第22天是终值的60%，第29天是终值的80%。日增长量以第12～22天为最高，以后继续有所增长，直至收获。

据王如英（1983）观察，西瓜果实在30天的发育期间鲜重从0.41g逐渐增重3392.8g，按果实发育前期（前10天）、中期（11～20天）和后期（21～30天）进行分析，前期果重从0.41g增至4.74g，平均日增长0.46g；中期果重增1959.8g，增长率57.6%，平均日增长195.5g；后期果重增1433g，增长率42.2%，平均日增长143.3g。

西瓜果实的生长首先是细胞的分裂，细胞数目的增加，然后是细胞体积的膨大。开花后2周西瓜果实细胞的直径只有20～40μm，但至收获期则为350～400μm，细胞体积增加10倍或10倍以上。胎座薄壁细胞的膨大较其他组织为大，据观察，西瓜果实发育过程中，胎座细胞逐渐膨大，细胞的膨大与果径的增大相适应；开花后20～25天的定果期，胎座细胞膨大甚微，后期则不再膨大。

三、果实发育中的生化变化

西瓜果实的主要成分是糖、酸、纤维素和矿物盐等。果实成熟的主要表现是果肉组织变软、水分增加、折光糖含量急增、色泽加深等。

（一）糖分

西瓜果实中糖的组成主要是果糖、葡萄糖、蔗糖。幼果中出现少量淀粉，而成熟果中很少发现。

总糖在发育的前半期不断增加，其后增加缓慢，到坐果后的45天呈减少的倾向。葡萄糖、果糖等还原糖在发育的前半期增加较快，高峰出现较早，到坐果30天以后还原糖的增加停滞，到40天以后急剧减少。而蔗糖在发育的前半期甚少，30天以后开始剧增。

在同一果实不同的部位，折光糖含量也存在差异。一般向阳面折光糖含量较阴面（着地面）的高，脐部（收花处）较基部（近果柄处）的高，中心部位较近皮部的高，这种差异因品种而不同。

西瓜除含有糖以外，还含有1.4%的纤维素和半纤维素，约1%的果胶。

（二）有机酸

西瓜的含酸量较少，在多数情况下只略有酸味，果实生长初期含量较高。据仑田（1959）测定，不同栽培条件和不同成熟度果实的含酸量在0.02%～0.12%，pH值为5～6。一般采摘过早、营养不良的西瓜含酸量较高。西瓜在成熟过程中，果汁中的有机酸略有升高，但由于蔗糖明显增加，糖酸比提高，风味增加。

（三）维生素

西瓜中维生素主要为维生素C和维生素A。据日本食品标准成分分析，西瓜维生素C的含量只有5mg/100g。蒋有条（1978）分析5个品种成熟果实维生素C的含量为2.85～6.63mg/100g。维生素C的含量随果实的成熟而增加，开花后20天为2.10～2.46mg/100g，而开花后30天为3.72～4.14mg/100g。

在西瓜中，作为维生素A原的β-胡萝卜素含量因品种不同而异。据仑田（1964）测定，每百克果肉中含β-胡萝卜素0.79～4.05μg，与果肉色泽关系不大。

（四）色素

西瓜果肉的颜色有乳白、淡黄、深黄、桃红、大红等。不同肉色所含的色素种类不同，红肉种以茄红素为主，黄肉种以叶黄素为主，橙肉种则含茄红素、叶黄素、胡萝卜素。肉色深浅与各自的色素含量和比例有关。

西瓜果实发育过程中色素的变化，以红肉种为例，雌花开放15天左右，在胎座中央开始出红色，果实边缘尚未着色，茄红素含量也低。随着果实的生长，色素逐渐增加；接近成熟时，色素增加明显。因此，色泽是果实成熟的重要标志。

色素的形成与温度有关。色素自果实内部形成，因此，着色的适温范围尚不明确。一般果实的向阳面着色比阴面好。阳面温度较高，有利于色素的形成。阳面果表温度高达34～40℃时，果实表面灼伤，红肉种也会变成近橙色。

第四节

植株生长与结果关系

西瓜植株的营养生长与结果的关系相辅相成，在栽培过程中，应适当调节两者关系，使其协调生长，以增大果形，提高产量。

一、生长势与坐果的关系

不同品种植株的生长势差异很大。一般而言，生长势弱的品种坐果节位较低，坐果率较高；而生长势强的品种，坐果节位较高，坐果率则较低。据1982年调查不同品种生长势与坐果的关系表明，早熟品种以中育1号为代表，主蔓结果率60%～70%，自然坐果节位第12～14节；中熟品种以浙蜜1号为代表，主蔓结果率40%～50%，自然坐果节位第15～20节；而晚熟品种如灰查理斯顿，主蔓结果率20%左右，自然坐果节位在20～25节以上。生长势强的品种，在南方多雨的气候条件下，坐果比较困难，这是产量不稳的主要原因。同一品种不同长势的植株也有同样的趋势。

二、叶面积与果实生长的关系

单株叶面积与果实大小有密切的关系。单株叶数多，叶面积大，不仅单瓜重，折光糖含量也较高。试验表明，在坐果期植株有20～30枚功能叶，20～30dm²叶面积，结果盛期有30～40枚功能叶，50～70dm²叶面积，可以结成重约5kg的果实。

西瓜茎叶匍匐生长，叶面分布在近地面的30～50cm，叶面积接近水平分布，叶面积指数比高秆作物低。幼苗期西瓜群体叶面积的发展极小，仅占总叶面积的1%～2%；伸蔓期叶面积发展很快，达总叶面积的50%；进入结果期，叶面积才能布满畦面，结果盛期达最大值。据杨香诚（1981）、王坚（1979）、蒋有条（1983）测定，早、中熟小果型品种合理的叶面积指数，坐果期在0.7左右；在果实生长期，最大叶面积指数以1.5～1.8为宜。叶面积是由叶数和单叶面积构成。

三、坐果节位与生长和结果的关系

不同节位雌花形成的果实，其重量有显著差异。一般规律是低节位果实较小，而以主蔓第二或第三雌花形成的果实较大（表2-1）。

表2-1　坐果节位对无籽西瓜产量和品质的影响（贾文海）

西瓜节位	功能叶数/枚	单瓜重/kg	皮厚/cm	肉质	折光糖/%	产量	
						亩产量/kg	对照/%
7～9	26.3	2.60	1.85	空心	9.4	1430.0	59.8
13～15	41.8	4.35	1.42	较紧	10.2	2392.5	100.0
19～21	64.5	5.25	1.25	较紧	10.5	2887.5	120.7
25～27	82.1	4.65	1.27	软	8.7	2557.5	106.9

注：功能叶为坐果时的叶数，产量以每亩550株计。

四、整枝与生长结果的关系

西瓜分枝性强，如放任生长必然藤多、叶多，造成相互重叠，影响光照，通风不良，使病害加剧。适当整枝，可集中营养，以增强叶片素质，维持较长同化效能，改善光照条件，调整植株长势，提高坐果率，增大果形。

在密度相同的条件下，整枝减少了叶数和单株结果数，但果型增大，产量有下降趋势。但在密度不同的情况下则是另一种情况，每亩750株二蔓整枝与每亩500株三蔓整枝比较，前者较后者增产28.3%。由此可见，合理密植结合整枝可以取得增加果数，增大型果，提高产量的效果。

五、西瓜产量的形成

单位面积的西瓜产量=每亩株数×单株坐瓜数×单瓜重量。

每亩株数应根据品种及长势、留蔓数、土壤肥力等方面确定，同时要考虑到栽培方式。低温期的保护栽培，应适当增加株数，减少单株留蔓数；温暖季节可适当减少株数，增加单株留蔓数。

单株坐瓜数和单瓜重量之间，往往会出现单株瓜多而瓜型小或瓜型大而结瓜少的情况。在这两种情况下，均不能得到理想的产量，只有坐瓜较多而瓜型又较大，才能得到理想的产量。因此，要采取整枝、增加种植密度、增加结瓜数以及控制坐瓜节位，保持单株较大的叶面积，以增大瓜型。

第三章

设施西瓜优良品种

第一节

品种选择

一、品种选择原则

设施西瓜品种选择，要掌握以下几条原则。

1. 优质

随着生活水平的提高，广大消费者对西瓜品质的要求愈来愈高，因此应把优质放在十分重要的位置。当前，西瓜市场总量已趋饱和，优质品种竞争力强，市场销售价比一般品种高50%，甚至1倍以上。西瓜品质包括果实的商品性状、瓜瓤的质地及口感。商品性状包括果实外形、色泽、大小、是否适应当地消费者习惯。如上海、浙江等地喜爱早佳、京欣等花皮圆形品种。品质，主要指瓜瓤的质地，应达到细嫩、松脆、纤维少、多汁，折光糖含量11.5% ～ 12.5%。

2. 抗病

从环保、生态条件出发，抗病品种可以减少农药用量，减少产品污染，保证其食用安全。抗病品种可抗御不良气候条件，增加产量、稳定西瓜生产。西瓜品质与抗病性有一定的矛盾。优质品种一般抗病性不理想；相反，抗病性强的品种，品质不一定优良。目前从西瓜抗病育种的现状出发，对优质品种要求不宜过高，只要能通过栽培措施的控制，不因病害造成重大损失的品种，仍然要考虑种植。

3. 适应性强

确定主栽品种，首先应利用当地或就近地区育成的品种，因其适应当地气候条件，栽培容易成功。引种应引进同一生态类型的品种，如江浙地区向华南、华中地区引种把握性较大，通过1～2年试种就能确定。

4.掌握品种特征特性

即使是优良的西瓜品种，也不是十全十美的。各个品种有优点，也有缺点，在栽培上应发挥其优点，克服其缺点，才能得到理想的结果，否则就可能失败。如早佳生长势中等，但坐果率高，需肥量大，如肥量不足，前期营养生长差，则果型小。因此，掌握各个品种的特性、特征十分必要。

二、新发展西瓜生产地区农户的品种选择

新发展西瓜生产地区农户选择品种时，应考虑以下几方面。一是栽培目的。设施栽培应选早熟品种；当地销售的，宜选皮薄的优良品种；远销外地的，则选耐储运品种。二是土壤和气候条件。如土质疏松的，应选果型较小的早、中熟品种，因土温上升快，生育快，早熟特性可得到充分发挥，但保肥保水性差，不适合丰产栽培；水田黏土，宜选中熟品种。三是栽培条件和技术水平。施肥水平高的地区，宜选耐肥品种；在肥源缺少地区，选择省肥品种。在技术水平高、劳动充足的地区，可选早熟品种，并延长结果期以争取丰收；在技术水平低、劳力紧张的地区，以中熟品种粗放栽培为宜。

第二节

优良品种

西瓜品种很多，按照果型可分为小果型、中果型和大果型西瓜，按照籽粒有无可分为有籽西瓜和无籽西瓜，以下仅对适合南方湿润地区设施栽培和市场占有率高的优良品种进行介绍。

一、小型有籽西瓜

（一）特小凤

特小凤是台湾农友种苗公司培育的杂交一代品种。果圆形至高圆形（图3-1），果形整齐，果皮有墨绿色条纹，果肉金黄色，肉质细嫩、脆爽，甜而多汁，果肉折光糖含量12%左右，单瓜重1.0kg，果皮薄，易裂果。耐低温。适于秋、冬、春三季栽培。一般亩产1400kg。

图3-1 特小凤

（二）早春红玉

早春红玉是从日本引进的优良小型西瓜杂交一代新品种（图3-2），2001年通过浙江省农作物品种审定委员会审定。该品种生长稳健，耐低温、弱光。极早熟，

图3-2 早春红玉

主蔓第5或第6节发生第一朵雌花，雌花节率高。开花后，在正常温度下22～25天成熟。果实椭圆形，单瓜重1.5～2.0kg。瓜皮深绿色间有墨绿色条纹，果皮薄，厚约0.3cm，不耐储藏。果肉红色，质细，无渣，中心折光糖含量12%以上，口感极佳。较抗病。遇较长时间的低温、多雨，开花至成熟时期延长，瓜形会偏圆偏小。产量较高，一般亩产2000kg。

（三）小芳

小芳（图3-3）是浙江大学农业与生物技术学院和浙江勿忘农种业股份有限公司共同选育的杂交一代品种，2007年通过浙江省农作物品种审定委员会审定。该品种适合早春设施栽培。苗期整齐度好，长势旺盛，第一雌花

节位在主蔓第9节，雌花节位间隔5节，果实发育期第一批平均31天左右，第二、第三批瓜26天左右。果实整齐度好，单株坐果数1.8个，商品果率94.9%，裂果数少，单瓜重2.0kg，果形指数1.18，短椭圆形；果面浅绿覆绿色狭齿带，果面光滑、无浅沟、覆蜡粉，皮厚0.7cm；瓤色红，口感中偏好，瓤质紧；中心折光糖含量11.7%，边缘折光糖含量8.4%；耐储运性较好；中抗枯萎病和炭疽病。亩产2000kg。

图3-3 小芳

（四）拿比特

拿比特（图3-4）是杭州三雄种苗有限公司从日本引进的杂交一代品种，2001年通过浙江省农作物品种审定委员会审定。早熟，春、秋两季均可栽培。果实椭圆形，果形稳定，单瓜重约2.0kg。瓜皮为花皮，外观漂亮。果皮薄，红瓤，肉质脆嫩，中心折光糖含量12%以上，糖度梯度小。早春栽培易坐果，连续结果性好，不抗枯萎病，不耐连作。亩产2000kg。

图3-4 拿比特

（五）小兰

小兰（图3-5）是台湾省农友种苗公司培育的杂交一代品种。小

图3-5 小兰

兰生长稳健，叶小，耐低温、弱光照，适合设施栽培。主蔓第5或第6节位发生第一雌花，雌花发生率高，结果力强，果实开花至成熟需22～25天，属极早熟品种。果实圆形至高球形，深绿色底，覆有青黑色条纹，果皮极薄，约0.3cm，果肉黄色，品质好，中心折光糖含量12%以上，单果重1.5～2.0kg。耐枯萎病，抗炭疽病能力较强。因皮薄，不耐储运。

（六）京颖

京颖（图3-6）是北京市农林科学院蔬菜研究中心最新培育的小型西瓜一代杂种。"早春红玉"类型，早熟，果实发育期26天，全生育期85天左右。植株生长势强，果实椭圆形，底色绿，锯齿条，果实周正美观。平均单果重2.0kg左右，一般亩产2500～3000kg。果肉红色，肉质脆嫩，口感好，糖度高，中心折光糖含量高的可达15%以上，糖度梯度小。2010年获得第二十二届北京大兴西甜瓜擂台赛小型组第一名。

图3-6 京颖

（七）京阑

京阑（图3-7）是国家蔬菜工程技术研究中心选育的极早熟黄瓤小型西瓜杂种一代。果实发育期

图3-7 京阑

25天左右，前期低温弱光下生长快，极易坐果，适宜于保护地越冬和早春栽培。可同时坐2～3个果，单瓜重2kg左右，皮极薄，皮厚3～4mm。果皮翠绿覆盖细窄条纹，果瓤黄色鲜艳，酥脆爽口，入口即化，中心折光糖含量在12%以上，品质优良。适于保护地或搭架早熟栽培。

二、小型无籽西瓜

1. 墨童

墨童（图3-8）是美国先正达种子有限公司选育的杂交一代品种。植株生长势旺，分枝力、生长势和抗病性强。第一雌花在主蔓第6节，雌花间隔节位6节。易坐果，果实生育期25～30天，果实商品率90%以上。果实圆形，表皮墨绿有腊粉，果皮厚约0.9cm，平均单果重2.0～2.5kg。果肉鲜红，纤维少，汁多味甜，质细爽口，风味佳，中心折光糖含量11.5%～12%，糖度梯度小，无籽性好。果皮硬韧，耐储运。亩产2500kg左右。

2. 蜜童

蜜童（图3-9）是美国先正达种子有限公司选育的杂交一代品种。植株长势旺，分枝力强。果实高圆形，果形指数1.1，表皮绿色布深绿条带，条带清晰。果肉鲜红，纤维少，汁多味甜，质细爽口，中心折光糖含量12%～12.5%，糖度梯度小；耐空心、耐储运，不易裂果，无籽性好，皮厚约0.8cm，平均单果重2.5～3.0kg，每株可坐3个或4个果，并且能多批采收。果实发育期25～30天，易坐果，果实商品率达90%以上，亩产量2500～3000kg。抗逆性强，适应性广。抗病毒病、枯萎病能力较强。

图3-8 墨童

图3-9 蜜童

三、中型有籽西瓜

1. 早佳

早佳（图3-10）是新疆维吾尔自治区农业科学院园艺研究所育成的杂交一代品种。植株长势中等，第一雌花在主蔓第8节或第9节，坐果较整齐，雌花开放至成熟约需30天。果实圆形，花皮、浅绿底色覆墨绿条纹，外观美。剖面好，色桃红，肉质松脆，较细，不倒瓤，中心折光糖含量11%以上，高的达13%。单瓜重4.0～5.0kg，亩产3000～4500kg。主要缺点是抗性较差，易裂瓜，不耐储运。

2. 美都

美都（图3-11）是杭州浙蜜园艺研究所和宁波市种子公司共同选育的中熟杂交一代品种，2017年通过全国非主要农作物品种登记，登记号GPD西瓜（2017）330040。该品种宜作早春大小棚保护地栽培。常温下开花至果实成熟约40天，单瓜重5kg以上。果实圆球至高球型。果皮绿色，覆有墨绿条纹。果实膨大期遇低温，果皮底色和条纹会加深。果肉桃红色，甜而多汁，中心折光糖含量11%～12%，边缘8%～9%。果皮较早佳（8424）略硬，较耐储运。幼苗期及生长前期长势弱，遇低温抗性差，易发病死棵。低温期留果节位以在15～16节为宜，以免果实空心厚皮。

图3-10 早佳

图3-11 美都

设施西瓜高效栽培技术图解（第二版）

3. 丽芳

丽芳（图3-12）是浙江大学农业与生物技术学院和浙江勿忘农种业股份有限公司共同选育的杂交一代品种，2008年通过浙江省农作物品种审定委员会审定。该品种适合早春设施和露地栽培。苗期整齐度好，长势旺盛。第一雌花在主蔓第9节，雌花节位间隔5节，果实发育期第一批平均35天左右。果实整齐度好，单株坐果数1.2个，商品果率91.0%，单瓜重5.0kg左右，果形指数1.0，果形圆，果面浅绿色覆墨绿色狭齿带，上有带数16条，果面光滑、有蜡粉，果皮厚1.0cm左右，果实硬度和耐运性中等，耐储性中等以上，果实外观好，剖面好，瓤色粉红，纤维少，汁液多，口感好，瓤质脆，中心折光糖含量12.2%，边缘折光糖含量8.9%。种子大小中等、数量中等。抗病性鉴定结果，中抗枯萎病，感炭疽病。每亩产量为3000～4000kg。

图3-12 丽芳

4. 秀芳

秀芳（图3-13）是浙江大学农学院园艺系和浙江省种子公司共同选育的杂交一代品种，2001年通过浙江省农作物品种审定委员会审定。坐果性好，平均单瓜重5.0kg，果形圆，果面光滑，果皮亮绿色，覆盖墨绿色条纹。果肉红色，中心折光糖含量11.5%，边缘折光糖含量9.8%，品质佳，耐储运。较抗枯萎病，耐低温、弱光。大棚早熟栽培于1月中旬起播种，每亩栽250株左右，采取多蔓多茬采收。

图3-13 秀芳

亩产3000～4000kg。

5. 浙蜜8号

浙蜜8号（图3-14）是浙江大学农业与生物技术学院与浙江勿忘农种业股份有限公司合作选育的设施西瓜新品种。该品种中早熟，开花至果实成熟31天左右，果实成熟期同早佳。植株生长稳健，易坐果。果实高圆形，果皮浅绿色，覆墨绿色显条纹，果面光滑，覆蜡粉。平均单瓜重5.5kg左右，果皮

图3-14 浙蜜8号

厚0.9cm，皮薄而韧，较早佳品种不易裂瓜，较耐储运。瓤色红，瓤肉质细脆多汁，口感佳，中心折光糖度12.4%，边糖10.0%。中抗炭疽病，中感枯萎病，抗性强于早佳。适宜浙江、江苏、云南、河南等地早春季大小棚保护地栽培。

6. 浙蜜10号

浙蜜10号（图3-15）是浙江大学农业与生物技术学院与浙江勿忘农种业股份有限公司合作选育的设施西瓜新品种。早中熟，春季栽培开花

图3-15 浙蜜10号

至果实成熟32天左右，果实成熟期同美都。植株生长稳健，易坐果。果实圆形，果皮浅绿色，覆墨绿色齿带，果面光滑，覆蜡粉。单瓜重6kg左右，果皮厚1.0cm，果皮韧，不易裂，耐运输。瓤色红，肉质脆，汁水多，中心折光糖度12.1%，边糖10.7%，糖度梯度较小，口感风味好。中抗炭疽病，中抗枯萎病。适宜浙江、江苏、云南、河南等地早春季大小棚保护地栽培。

7. 京嘉202

京嘉202（图3-16）是北京市农林科学院蔬菜研究中心育成的早熟、优质杂交一代西瓜品种。全生育期90天左右，雌花开放至果实成熟30天左右，植株长势中等偏旺，较耐低温、弱光，抗病性强。果实圆形，果皮浅绿，条带黑而整齐，有蜡粉，商品率高。易坐果，皮薄瓤红，肉质酥嫩，风味浓，中心折光糖含量可达12.5%。一般单瓜重7kg左右，最大可达10kg以上。

图3-16 京嘉202

8. 京欣1号

京欣1号（图3-17）是北京市农林科学院蔬菜研究中心与日本西瓜专家森田欣一先生合作选育的杂交一代品种，其亲本是该中心选育的自交系。1989年通过北京市农作物品种审定。瓜形圆，果皮薄，色中绿，上有16～17条深绿色条纹，果面覆有蜡粉。瓜瓤桃红色，肉质细腻。多汁，中心折光糖含量11%～12%，纤维素少，不倒瓤，适口性好，品质佳，可食率

图3-17 京欣1号

69.6%。早熟种。叶型小,在覆膜条件下,坐果率高,果实生长快,从开花到成熟30天。不耐长距离运输,耐湿,抗病。单瓜重4～5kg,亩产量3500～5000kg。

9. 京欣2号

京欣2号(图3-18)是北京市农林科学院蔬菜研究中心选育的杂交一代品种。2000年通过北京市农作物品种审定委员会审定,2001年通过全国农作物品种审定委员会审定。该品种中早熟,全生育期90天左右,果实成熟期30天左右。叶型中等,生长势中等,在早春保护地低温、弱光生产条件下,坐果性好,整齐,膨瓜快,比京欣1号早上市2～3天。果实外形似京欣1号,圆果,绿底条纹,覆有蜡粉。瓜瓤红色,保留了京欣1号果肉脆嫩、口感好、甜度高的优点,果实中心折光糖含量为11％以上。皮薄,耐裂性能比京欣1号有较大提高。高抗枯萎病,耐炭疽病,较耐重茬,可适当缩短轮作年限。单瓜重5kg左右,比京欣1号稍大,种子颜色有别于京欣1号,为黑色光籽。一般亩产4000kg左右。

图3-18 京欣2号

10. 京欣3号

京欣3号(图3-19)是北京市农林科学院蔬菜研究中心选育的杂交一代品种,果实发育期30天左右,全生育期88天左右。植株生长势中上,雌花出现早,易坐果。果实高圆形,亮绿底覆盖规则墨绿色窄条纹,外形美观。单瓜重

图3-19 京欣3号

设施西瓜高效栽培技术图解(第二版)

5～7kg，红瓤，中心折光糖含量在12%以上。肉质酥嫩，口感好，风味佳。2005～2007年连续三届获得北京大兴西瓜擂台赛综合瓜王奖第一名。具有小瓜品质、大瓜产量的优点，适于保护地早熟嫁接栽培及近距离运输。

11. 京欣4号

京欣4号（图3-20）是北京市农林科学院蔬菜研究中心选育的早熟、优质、耐裂、丰产的新品种。果实发育期28天左右，全生育期90天左右。植株生长势强，抗病，坐果容易。果实圆形，绿底覆盖墨绿窄条纹，外形美观。单瓜重7～8kg，剖面均匀红肉，中心折光糖含量12%。皮薄，耐裂，耐储运，肉质酥嫩，口感佳。与京欣1号相比，耐裂性有较大提高，单瓜重大，糖度高，瓤色更红。适于早春小拱棚、露地和秋大棚栽培及远距离运输。

图3-20 京欣4号

12. 西农8号

西农8号（图3-21）是西北农林科技大学选育的高产、稳产、坐果性好、含糖量高且梯度小、果肉质细、品质极优；高抗枯萎病、兼抗炭疽病、耐重茬，可解决连作障害的难题；果实储运、外观及果肉美观、商品性好，露地栽培及大棚栽培效果均佳的品种。适应性极强，已在我国20余省（市、自治区）大面积推广，成为我国目前最受欢迎的西瓜换代新品种，创造了显著的社会效益和经济效益。

图3-21 西农8号

13. 苏蜜6号

苏蜜6号（图3-22）是江苏省农业科学院蔬菜研究所育成的。2010年通过江苏省农作物品种审定委员会审定。早熟一代杂种，果实发育期30天；植株长势中等，耐低温、弱光，第一雌花在主蔓第5节或第6节，以后每隔5节至6节出现1朵雌花，坐果性强；果实高圆球形，果形指数1.1，果皮底色墨绿，覆深绿色网纹，果实表面蜡粉淡，果皮厚约0.9cm，瓤粉红色，瓜瓤细酥，纤维少，汁液多，风味佳，中心折光糖含量在11.8%～12.6%；单瓜重3.3～4.5kg，一般亩产量约3500kg；适于华东地区做保护地早熟栽培。适播期为1月下旬至2月上旬。

图3-22 苏蜜6号

第四章

设施西瓜育苗与
栽培技术

西瓜栽培常用设施

一、设施类型

西瓜设施栽培，其整个生育期均在覆盖保护条件下进行，需要保温、采光条件较为完善的设施。目前，西瓜栽培常用的设施类型有小拱棚，塑料大、中棚，日光温室等。因日光温室在我国西瓜生产上应用还极少。所以，西瓜生产上应用的主要设施类型是小拱棚和塑料大、中棚。

塑料大、中棚有单面式和隧道式结构类型，根据建筑材料还可划分为装配式型材大棚，水泥预制件竹架大棚，简易钢管式大、中棚，简易竹木结构大、中棚。塑料大、中棚具有良好的采光性能，增温、保暖、保湿效果好，并可多层覆盖保温，因此能有效克服北方早春低温、南方阴雨等不良天气影响，同时大棚内空间大，可上架栽培，增加密度提高产量，为早春西瓜生产创造有利环境条件。我国西瓜主产区采用隧道式塑料大、中棚较多。

（一）大棚

大棚为南北向的拱形棚，由拱架构成，其上覆盖薄膜，透光，保温。大棚棚体大，保温性好，便于操作，但光照分布不均匀，结构和施工比较复杂，造价较高。

1. 装配式镀锌钢管大棚

大棚跨度 8m 以上，长约 50m 以上，棚面积为 $400\sim 1400m^2$，棚高3m 以上。我国设计定型的钢管大棚，主要有 GP 型系列和 PGP 型系列。图 4-1 装配式镀锌钢管大棚规格为 $8m\times 64m$。

2. 水泥立柱竹架大棚

大棚跨度8～12m，长度50～60m，棚间距0.8m。主要由立柱、拱杆、薄膜、压杆或8号铁丝组成。立柱选用8cm×10cm水泥柱，南北方向每隔3米埋设一排立柱，每排一般由3～5根立柱组成。12m大棚中柱高出地面2.8m，两根腰柱高出地面1.8m，两根边柱高

图4-1 装配式镀锌钢管大棚

出地面0.8m左右，立柱埋入地下0.4m，每根立柱都要定点准确、埋牢、埋直，并使东西南北成排，每一排立柱高度一致。拱杆选择鸭蛋竹，粗端固定在边立柱顶端处，使每排纵向立柱结成整体。拱杆用鸭蛋竹固定在立柱顶上，用铁丝拧紧。采用6～8μm厚的聚乙烯长寿高保温无滴膜覆盖，宽度根据棚型跨度选择。棚膜上两拱杆之间设一压膜杆，用地锚拉紧。压紧薄膜，使棚面成瓦棱型。达到能抗8～9级大风的结构，并在棚内架好吊膜架（图4-2）。

图4-2 8m水泥立柱竹架大棚

（二）中棚

中棚与大棚的区别在于中棚跨度小、棚低、棚体小，中棚一般跨度8m以下，通常跨度5～6m，长30～40m，棚面积200m²左右，棚高1.8m

左右。

中棚棚体较小，保温性较差，但棚内升温快，光照条件较好，结构和施工简单，取材易，造价低，易被瓜农接受。目前，我国南方地区主要采用中棚栽培西瓜。以下着重介绍中棚的结构和性能。

1. 中棚类型和结构

（1）单排柱竹木结构中棚 跨度5～6m，高1.8m，拱架由竹片或细竹竿弯成弧形，两端插入地下，拱架间距1m，中间每隔2～3m设1根支柱，拱架上盖薄膜，四周薄膜绷紧，埋入土中踩实（图4-3）。

（2）无立柱竹木结构中棚 跨度5～6m，高1.8m，拱架由竹片弯成弧形，两端插入地下，拱架间距1m，1条纵梁相连或无纵梁相连，拱架上盖薄膜，四周薄膜绷紧，埋入土中踩实（图4-4）。

（3）无立柱钢架中棚 结构、跨度与无立柱竹木结构中棚相同，不同的是拱架由竹片换成钢管，坚固耐用，安装、拆卸方便，遮阴少，便于管理（图4-5）。

2. 中棚性能

（1）光照 中棚没有外保温设备，其见光的时间与露地相同。不

图4-3 单排柱竹木结构中棚

图4-4 无立柱竹木结构中棚

图4-5 无立柱钢架中棚

设施西瓜高效栽培技术图解（第二版）

论直射光还是散射光，各部位都能透光，光照的水平分布比较均匀，西瓜生长比较整齐。尤其是拱杆、拉杆较细、无立柱的中棚受光效果更好。

（2）温度　棚温变化较大，晴天日出后棚温迅速升高，中午可达40℃，午后光照强度减弱，散热量超过吸热量，棚温随之下降，且下降速度较快。昼夜温差大，白天容易受高温危害，夜间容易发生霜冻。

昼夜温度变化规律是外温越高，棚温越高，外温越低，棚温越低。晴天温度变化大，温差大，阴天温度稳定。其温度日变化是日出前出现最低温，但比露地晚，持续时间短，日出后1～2h气温迅速升高，7～10时上升最快；在密封状态下，每小时平均上升5～8℃，高温出现在12～13时，14～15时棚温开始下降，平均每小时下降3～5℃。春季棚温白天可达15～36℃，夜间棚温通常比棚外气温高3～6℃；阴天上午升温缓慢，下午降温也慢，昼夜温度较平稳，但由于白天热容量小，夜间降温刮风会出现"棚温逆转"而造成冻害。

3月下旬当棚外气温尚低时，棚温可达15～38℃，比露地高2.5～15℃；棚内最低温度为0～3℃，比露地高2～3℃；随着棚外气温的升高，棚内外温差逐渐加大。

地温变化较小，3月中旬后一般为5～12℃，4月下旬为10～25℃，随着西瓜生长地面遮蔽，地温增温值减小。

中棚空间较小，升温快降温也快，温度变化剧烈，管理比较困难，但便于外覆盖保温。夜间覆盖保温物，保温效果优于大棚，起到促早熟的效果。

（3）湿度　棚温升高，空气相对湿度降低；棚温降低，则相对湿度升高。棚温5～10℃时，每提高1℃，棚内相对湿度下降3%～4%；棚温20℃时，相对湿度70%；棚温升至30℃，相对湿度可降至40%。

（三）小拱棚

小拱棚是应用最普遍、面积使用率最大的简易设施。定植后覆盖40～50天，前期在北方地区有增温保暖防风和提早生育期的作用，在南方地区则具有遮雨、保暖的作用；后期除去棚膜拆除拱架后成为普通露地栽培。小拱棚由于具有地膜、天膜的双重保暖作用，增温效果明显，同时设施结构简单、取材方便、成本较低、比露地栽培早熟2周以上、增产20%～50%，经济效益良好。小拱棚的构建模式根据不同产区的气候与生产特点，常见有华北式、南方式、防雨式等。

浙江温岭模式的西瓜设施栽培，小拱棚是作为中棚内的保温配套设施。

1. 竹架小拱棚

宽2cm，长2m左右的毛竹片，两端插入畦内，竹片间距80～100cm，棚高80cm（图4-6）。

2. 小拱棚性能

小拱棚空间小，升温快，降温也快，配合夜间覆盖保温，可进一步提高早熟效能。

图4-6 竹架小拱棚（图片中间）

二、设施环境调控

设施栽培是在不适宜西瓜生长的季节，在密闭或基本密闭的条件下进行种植的一种生产方式。棚内温、光、水、气等综合条件，随着外界气候的变化而变化。因此，必须根据气候条件及西瓜的生育阶段，对棚内的环境条件做必要的调控，以保证西瓜正常生长。

（一）光照调控

阳光是热量的源泉，也是光合作用能量的来源。冬春季在设施保护条件下，光照弱是制约生产的主要因素。因此，应想方设法提高光照度，改善棚内的光照条件。

1. 改进结构

大（中）棚的方位、透光面与地面的角度，建筑材料的遮阴面，对透光性及光照的分布有着密切的关系。

大、中棚方位以南北延长为宜，东西两侧受光均匀。

透光率与光线的入射角（光线与被照射的平面法线所成的夹角）大小有直接关系，入射角越小，透过率越低。但是，这种关系不是直线关系，入射角在0°～40°，透光率下降幅度较小，入射角在40°～60°，透光率下降明显。入射角取决于太阳高度，太阳高度在一天中以中午为最大，日出、日落时最小。

设施骨架造成遮阴，影响光线透过。因此，设施骨架面积与温室总透光面积之比（结构比）越小，透光越优越。竹架设施遮阴面较大，无支柱设施遮光率小。所以，选择强度大、尺寸小的建材，减少框架、立柱，是提高透光率的重要措施之一。

2. 选择透光好的塑料薄膜

不同种类的塑料薄膜，其光学性能有所不同，透光率有一定的差异。常用的塑料薄膜有聚氯乙烯膜（PVC）、聚乙烯薄膜（PE）和乙烯-醋酸乙烯膜（EVA），其中PE应用最广，其次是PVC；EVA已开始在部分地区试用。按薄膜性能，可分为普通膜、长寿膜、无滴膜、长寿无滴膜、复合多功能膜等，以无滴膜应用最广。

从薄膜的透光性能来看，无滴膜透光率较好。据辽宁省锦州市气象科学研究所测定，无滴膜比其他薄膜透光率高5%，光照度较普通膜增加13.5%～26%，使棚内增温快，并迅速提高气温、地温。气温日平均可增加0.1～2.2℃，5cm地温增加0.1～0.7℃，10cm地温增加0.1～0.6℃，增加有效积温。此种薄膜的使用寿命较长，再利用价值高。在使用上要注意，早春大（中）棚处于密闭状态时，无滴膜棚内常生成大量雾滴，易导致病害发生，必须早期防治，后期注意通风，调节棚内温湿度。

3. 合理的栽培管理

大（中）棚的日常管理，与改善棚内光照条件有着密切的关系。其主要管理措施是全畦地膜覆盖，改漫灌或沟灌为膜下滴灌；在室内温度许可的条件下，增加通风，降低空气湿度，从而提高透光率；及时揭、盖覆盖物，以延长光照时间，在阴天采取早揭晚盖，充分利用散射光，并保持棚膜清洁透明；合理密植和高畦栽培等。

（二）温度调控

温度调控包括防寒保温和防止高温危害。温度调节原则上按西瓜的需温规律进行。西瓜不同生长期对温度要求有所不同，昼夜应维持一定的温差变化。

温度应与光照条件相适应。晴天光合适温较高，需较高的温度；阴天光合适温较低，可调低棚温。气温高时地温相应高些，气温低时地温适当提高，这样有利于西瓜生长。冬春设施栽培通常是地温不足，提高地温尤为重要。

1. 多层覆盖

棚内设置多层保温设施和地面覆盖，有显著的保温效果。

2. 增施有机肥

增施有机肥以增加土壤蓄热保温能力。

3. 高畦栽培

高畦栽培可增加地面吸热面积。

（三）湿度调控

大（中）棚冬春栽培，西瓜前期基本是在密闭条件下生长，如棚内空气流动性小，水分蒸发少，空气湿度过高，容易引发病害。因此，应降低棚内空气湿度。其主要措施如下。

1. 控制灌水量

冬春季灌水量应少，灌水次数也不宜过多，可根据土壤干湿和植株长势加以掌握。春季随温度升高，灌水量和灌水次数可适当增加。灌水应按"冷尾暖头"的要求，在晴天上午进行。这样，灌水后地温迅速回升，阴天或傍晚一般不灌水。

2. 改进灌水方法

改漫灌、畦灌为滴灌，可提高地温，降低空气湿度，减少病虫害，并可节约用水量60%～80%。

3. 畦面全层覆盖

畦面全层覆盖是减少土壤水分蒸发，降低棚内空气湿度的有效方法，对于防病、增产和改善西瓜商品品质具有明显作用。

4. 合理通风换气

通风是降低棚内空气湿度的重要手段。冬季，通风降湿往往与保温有矛盾，原则上应在不影响保温的前提下，尽可能加大通风量，延长通风时间，阴天也要适当通风。晴天应加强通风，通风能补充棚内的二氧化碳。此外，选用无滴膜做覆盖材料，对降低空气湿度有一定效果。

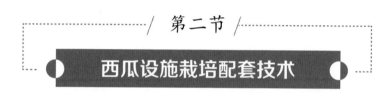

/ 第二节 /

西瓜设施栽培配套技术

当前，西瓜设施栽培已不是小面积，而是大规模生产。大规模的设施栽培，不能沿用小农经济模式的手工作业，应采用先进设备，推广应用机械耕作、滴灌和穴盘育苗技术等，以减轻繁重的体力劳动，减轻管理费用。在栽培技术方面，改变过去精耕细作的烦琐技术体系，简化操作程序，围绕制约生产的关键技术，制订相应的技术体系，为推动西瓜规模化生产提供科学技术保障。

一、设施栽培的技术环节

栽培者应熟练掌握设施性能及调控技术，了解西瓜对环境条件的要求，通过环境调控和采用适宜的栽培技术，最大限度地满足西瓜不同生育期的需求，使其正常生长、结果，避免造成失误，以最少的投入争取最佳的效果。

设施早熟栽培重要的技术环节有以下几个方面。一是选择耐低温、弱光、坐果节位低、瓜龄短的早熟品种；提前播种，培育适龄壮苗，提前栽植；合理安排生产季节，充分利用温、光等自然资源。二是应用嫁接技术，提高抗病性。利用砧木特性，提高耐寒力。三是畦面全层覆盖地膜，膜下滴灌，以提高地温，降低空气湿度，减少病害发生。四是增施基肥，基肥以有机肥为主。五是高畦栽培，适当稀植，合理整枝，控制结果部位。六是加强温度、光照管理。前期采取多层覆盖的方法保温防寒。白天棚温应根据光照条件升降。光照强，温度相应升高；反之，则降温，以利于同化物的积累。光照管理原则上是在温度许可的条件下延长透光时间，适当通风，降低空气湿度，改善光照条件等。

二、工厂化育苗与穴盘育苗

（一）工厂化育苗

西瓜带土育苗、培育大苗始于20世纪70年代，目前在早熟栽培区已普遍应用该技术。除少数育苗专业户外，基本上是各家各户分散育苗。这种分散育苗方式，规模小，设备条件受到限制。西瓜育苗有一定难度，尤其是嫁接育苗难度更大，时有失败，这是西瓜生产上的薄弱环节。因此，

图4-7 工厂化育苗

建立工厂化育苗（图4-7）、统一供苗体系是西瓜育苗的必然趋势。

（二）穴盘育苗

穴盘育苗（图4-8），即用穴盘培育瓜苗，其设备是穴盘和基质。育苗场所可以选现代化的温室，亦可选简易的连栋大棚和普通单栋大棚。

穴盘育苗具有苗龄短、根系发达、成活率高、瓜苗素质高等优点，在蔬菜、花卉育苗上普遍采用，但在西瓜育苗上仍很少应用。

图4-8 穴盘育苗

穴盘是按一定规格制成带有很多小圆形或方形孔穴的塑料盘，大小为54cm×28cm左右，每盘有21穴、32穴、50穴、72穴、105穴 和128穴，甚至更多，穴深3～10cm，塑料厚度0.85～1.05mm。西瓜宜选用50穴和72穴的穴盘，规格为54cm×28cm×5.5cm。

为创造适宜幼苗根系生长的环境，促进幼苗生长整齐一致，减轻或避免土壤传播病害，降低苗盘重量和方便运输，常采用轻型基质，如珍珠岩、蛭石、草炭等。

首次使用的干净穴盘和基质，一般可不进行消毒；重复使用的基质，必须进行消毒处理。消毒方法有两种，一种方法是用0.1%～0.5%的高锰酸钾溶液浸泡30min后，用清水洗净；另一种方法是用甲醛加水，均匀喷洒在基质上，将基质堆起密闭2天后摊开，晾晒15天左右，等药味挥发后再使用。

穴盘西瓜幼苗生长快，根系发育好，整齐一致，且能避免或减少土传病害的发生，而且可实行程序化、标准化和工厂化育苗，能满足广大西瓜种植者对嫁接苗的需要。当前存在的问题是，基质的配比有待于进一步改进。

三、水肥一体化技术

西瓜定植时，畦间铺设软滴灌管道，然后全畦覆盖地膜，连接供水系统。生长期间，可自动供水、追肥。滴灌可节水60%～80%，还可控制空气湿度，抑制徒长，防止病害蔓延，节省用工。

（一）滴灌设施

1. 有压水源

常用水源有机井水、蓄水池水、自来水、河水等，水质要经除沙处理，并保持入棚压力 $(0.12 \sim 0.15) \times 10^6 \mathrm{Pa}$。

2. 田间首部

包括放肥阀、施肥罐、过滤器及分水配件，分别用于控制水源、施肥、过滤等（图4-9，图4-10）。

3. 输水管道

要求有 $0.2 \times 10^6 \mathrm{Pa}$ 以上的工作压力，并具有防老化性能。

4. 滴灌管

种类繁多，适合设施栽培的有双上孔单壁塑料软管。由于厂家不同，同类的设施也有的称为双翼薄壁软管。该软管由于抗堵塞性能好，滴水时间短，运行水压低，适应范围广，安装容易，投资低廉，而深受用户欢迎。

该设备是采用直径为50mm聚乙烯塑料滴灌带作滴灌管，配以直径为80mm左右的硬质或同质塑料软管为输水支管，辅以接头、施肥器及配件。每亩一次性投资250～600元，使用寿命1～3年。

（二）安装

将滴灌管顺畦向铺于畦面，出

图4-9　滴灌田间首部

图4-10　智能化喷滴灌首部

水孔朝上，将支管与畦向垂直方向铺于棚中间或棚头，在支管上安装施肥器。为控制运行水压，在支管上垂直于地面连接一透明塑料管，用于观察水位（图4-11）。以水柱高度80～120cm的压力运行，防止滴灌带运行压力过大。安装完毕后，打开水龙头试运行，查看各出水孔流水情况。若有水孔堵住，用手指轻弹一下，即会使堵住的水孔正常出水。另外，根据地势平整度以及离出水口的远近，各畦出水量会有微量差异。对此应记录在案，并用单独控制灌水时间的方法调节灌水量。检查完毕，开始铺设地膜。

图4-11 膜下滴灌

四、二氧化碳增施技术

（一）增施原理

设施栽培为增施二氧化碳创造了条件。施用二氧化碳气肥方法很多，较常用的为埋放厩肥，在厩肥分解过程中释放出二氧化碳。目前，设施栽培中应用较多的是化学反应法和颗粒发酵法两种。

增施二氧化碳浓度一般以600～1500mg/L为宜，晴天1000～1500mg/L，阴天600～800mg/L。生长前期，施用浓度可低一些，生长旺盛期，施用浓度可适当提高。

（二）增施方法

1. 化学反应法

稀硫酸与碳酸氢铵反应，产生二氧化碳气体和硫酸铵。其化学方程式为$2NN_4HCO_3 + H_2SO_4 \longrightarrow (NH_4)_2SO_4 + 2H_2O + 2CO_2 \uparrow$

（1）组装器具　二氧化碳发生器由反应桶、定量桶、过滤桶、输液管（控制阀门）、送气管5部分组成，定量桶通过输液管与反应桶连接，过滤桶通过送气管与反应桶连接。

（2）放置位置　大棚长度在50m以上，二氧化碳发生器应放在大棚中央。

（3）加料　将15kg碳酸氢铵加入反应桶，捣碎大块，整平，加半过滤桶水，然后将出酸管放在桶中央，再加盖内、外盖，拧紧外盖。

（4）连接送气管　先将过滤桶加水至水位线，然后连接送气管，送气管每间隔1～1.5m打一个直径2mm左右的孔，远离反应桶处可适当增加打孔密度，并离地架设送气管，高度2m左右。

（5）日常操作　根据生长情况、种植面积及用量对照表，将反应液（硫酸）加入定量桶，然后挂定定量桶，反应液出口处略高于反应桶的入口处10～20cm，缓慢打开反应液控制阀门，送气开始，待反应结束关闭控制阀门。

2. 颗粒发酵法

近年来重点推广此方法。试验表明，农用二氧化碳缓释颗粒剂气肥使用方便、安全可靠，能促进西瓜生长发育、提高产量、改善品质，增产增效显著。

（1）放料　在西瓜株距中间破膜打孔，孔直径10cm、深10cm，施入颗粒剂后覆土2～3cm，田土干燥时适当浇湿以促进产出气肥，发挥更好效果。

（2）使用量　以亩施45～60kg为宜。

（3）施用时间　以坐果后1周、幼瓜鸡蛋大小时为宜，使用过早，往往植株生长过旺，影响坐果，使用过迟则起不到应有的效果。

（4）追肥　由于西瓜植株生长较旺盛，不能忽视追肥，否则会使西瓜早衰，缩短产瓜时间，降低经济效益。

五、平衡施肥技术

根据西瓜生产发育的需肥规律，通过合理控制不同阶段的施肥量，及不同营养元素含量的平衡和不同关键生长时期的平衡，与传统施肥相比，其主要区别如下。

① 在施肥的频率和次数上，把过去以施基肥为主，改为少量多次追施，把施肥的重点分别放在西瓜的营养生长期（花期）、幼果期、膨大期等关键时期，每隔 7 ~ 10 天 1 次，根据植株当时的具体需要来确定补充不同肥料的配比和用量。

② 在施肥的方式上，从以单纯基施和撒施为主的方式，改为以配合灌水根际滴（冲）施为主，叶面喷施和基施为辅的方式，更有效地达到及时调控的目的，且省时、省工。

③ 在肥料的选择上，把以偏重氮肥改为重视钾肥，氮磷钾平衡配合，并且合理补充镁、锌、硼、钙等微量元素，营养的供给更精确，以满足长季节栽培条件下不同发育阶段肥水调控需求。具体施肥方法见西瓜生长季节栽培部分。

六、花粉保存和授粉技术

（一）操作程序

采集雄花—摊凉干燥—花粉收集—真空包装—预冷处理—低温保存—活化花粉—田间授粉

（二）操作方法

（1）采集雄花　7月至10月上午从西瓜田采集新鲜雄花（图4-12），装入手提式冷藏箱，带回室内。

（2）摊凉干燥　在室温25℃下，将采集来的雄花薄薄一层摊晾，干燥2h（图4-13）。

（3）收集花粉　西瓜为虫媒花，其花粉的黏性很强，将花粉从花药中分离收集出来是个难题，可以通过振动过筛方法得以解决。

图4-12　采集雄花

用剪刀剪下雄蕊，放在16目筛孔的筛子上振动、过筛，筛下铺一层包装纸或承接花粉的容器（图4-14）。

图4-13 摊凉干燥

图4-14 收集花粉

（4）真空包装　用不易吸水的包装纸包装花粉，每包量不宜过多，0.1～0.2g，然后装入20cm×15cm左右的铝箔袋内，用真空包装机抽取空气，封口，保持袋内真空。

（5）预冷处理　真空包装后的花粉在4℃下预冷1h。

（6）低温保存　预先将保存冰柜或冰箱设置到保存温度，-20℃或-25℃，然后将预冷后的花粉放入保存，低温冰柜或冰箱不要经常开启。

（7）检测活力　每月检测一次以确保花粉活力，采取2,3,5-三苯基氯化四氮唑染色法。称取0.5gTTC，溶于少量水中，并定容至100ml，取少量保存花粉置于载玻片上，加1～2滴TTC溶液，盖上盖玻片。将制片于35℃恒温箱中放置15min，然后置100倍的显微镜下观察花粉染色情况，以确定花粉活力（图4-15）。

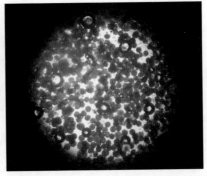
图4-15 检测花粉活力

（8）活化花粉　大田授粉前，将低温保存的花粉从低温冰柜或冰箱内取出，置于室温下（一般指10～30℃）30min，以激活花粉活力。

（9）田间授粉　选择天气晴好的上午，等西瓜雌花开放后，用毛笔将预先活化后的花粉涂抹到柱头上，然后做好标记。活化后的花粉授粉操作时间不要超过20min。一般采集一个雄花的花粉量只能授一个雌花。

七、果实表面印字技术

在西瓜果实上贴印商标或标志性文字（图4-16）、图案、编号，既可实现品牌质量管理，防止假冒，又可提高果品档次。一般采用粘贴图案或钢印戳记两种方法，以钢印戳记法简便。由协会或合作社统一制作钢质印模，编上号码，一户一号，在西瓜成熟前15天，戳盖在瓜皮上，要求力度适当，太轻不清晰，太重会使瓜体受伤。温岭玉麟西瓜专业合作社为防假冒，几乎每个销售的品牌优质西瓜都刻上了"PS"字样，大大提高了消费者的认知程度。

图4-16　果实印字

/ 第三节 /

设施西瓜育苗技术

设施西瓜宜育苗移栽。育苗移栽可提前在保温条件下培育壮苗，当气温条件适宜时定植于田间，达到一次齐苗，并能充分利用生长季节，提早坐果和上市。

冬季、早春育苗要求高，宜采用集中专业化育苗的方式，有条件的育苗大户或西瓜合作社还可采用穴盘育苗或工厂化育苗。目前，浙江省温岭市已全面开展设施西瓜工厂化育苗。

一、苗圃的建立

（一）苗圃地

　　苗圃应选择在地势高燥，地下水位低，排灌方便，无土传病害，向阳，平坦的地块，能保证水电的正常供应。

（二）设施

　　苗圃与环境调控设施除海南等省非常温暖的地区外，冬季和早春西瓜育苗必须在保温性和透光性好、空间较大、便于操作的连栋玻璃温室、日光温室、塑料连栋大棚、塑料大棚内进行（图4-17、图4-18），并且应配备必要的加温、保温和补光设施。

图4-17　连栋玻璃温室　　　　　　图4-18　塑料连栋大棚

1. 加温设备

　　（1）电热加温　通过电热线加温育苗床，配控温仪实现床温的自控。电热温床设置在大棚内。苗床长度比大棚短2～4m（距大棚两端各留1～2m，便于操作管理）。一般苗床整成宽1.3m，挖成凹床，深5cm，为保温，下铺一层旧薄膜，填入2～4cm厚的干砻糠，上盖一层无病细土，拍平土面，铺电热线。在布线前要先计算好每平方米苗床需要多少电功率产生的热能可使土温达到28～30℃，再根据电热线的长度或电功率来决定布线间距。一般冬季12月中旬播种，每平方米苗床需要电功率100W，用1000W的电热线，布线间距为8～9cm，畦中间稀些，两边稍密，注意地热线不得剪断，布线时不得交叉、重叠和扎结，人员进入通电的加温区操作，务必切断电源，地热线及控温仪的具体使用方法见说明书。布线完毕，先接上电源和控温仪，检查线路是否畅通，若无故障切断电源，再在电热线上撒细土或砻糠灰1～2cm，将电热线覆盖严密，然后把营养钵装好土紧密排列于苗床，边上用土封牢，覆膜，减少水分蒸发。如采用"两段育苗法"落籽育苗的，电热线上应覆盖3～5cm厚的营养土，待播种。

（2）热风加温　根据加热设备不同，分为电加热和燃油（煤）加热（图4-19、图4-20）。电热风、燃油热风加温升温快，但耗油（电）量大，运行成本高，采用燃煤热风炉加温可降低成本。1000m² 的大棚安装1台10kW空气电加热器或3台锅炉即可。

图4-19　燃煤加温设施（一）　　　　图4-20　燃煤加温设施（二）

（3）热水加温　采用锅炉进行循环热水管道加温，使用成本相对较低，加温均匀，能够在整个育苗过程中动态控制，但建设成本高，适合面积较大的集约化育苗场。

2. 保温设施

保温设施包括保温被等温室外覆盖保温材料、温室内多层帘幕系统、多层塑料薄膜覆盖等。

3. 补光设施

在育苗季节低温阴雨天气较多时，在苗圃内增挂植物生长灯补充光照。一般每10m²苗床用白炽灯泡300W左右（图4-21），挂于小拱棚的横杆上。

图4-21 补光

二、设施西瓜常规育苗技术

（一）品种

选择适合设施栽培的中小型西瓜品种。

（二）育苗方式

采用保护地设施育苗。根据设施的不同，育苗方式可分为温床育苗和温室育苗等。

（三）苗床设置

每平方米苗床可育西瓜苗200株左右，根据育苗数量合理设置苗床面积。育苗前，每平方米苗床用50%多菌灵可湿性粉剂4～5g，加水100倍均匀喷洒于苗床，达到消毒效果。

（四）育苗容器

1. 营养钵

西瓜根系纤细，在移栽过程中易受损伤，且根的再生能力弱，不易恢复，应带土护根移栽。冬春季育苗时间长，以8～10cm的营养钵育苗效果好。

2. 穴盘

穴盘育苗克服了传统的营养钵育苗成苗率较低、病害难控制、工本投入高、床地占用面积大等弊端，具有节省用工、减轻劳动强度、缓苗期短、促早发等效果。一般选用50穴或72穴的穴盘。

（五）营养土

营养土的结构和成分对西瓜根系和幼苗的生长有直接的影响。育苗营养土，要求肥沃疏松，营养全面，保水保肥，无病菌、虫卵和杂草种子，没有石块等硬物。

营养土要满足西瓜苗期对氮、磷、钾各种营养的需要。适宜的养分含量是培育壮苗的基础，养分过多易使幼苗生长过旺，遇到不利气候条件，易造成秧苗徒长和猝倒病的发生；养分不足，幼苗生长势过弱，会产生僵苗。

目前，西瓜育苗使用较多的营养土材料有草炭、蛭石、珍珠岩、水稻土、红壤土、菇渣等。根据材料可划分为轻型基质和重型基质。

1. 轻型基质

轻型基质由草炭、蛭石、珍珠岩等配制而成，配制方法有两种，一种是草炭和蛭石，配比为2：1；另一种是草炭、蛭石和珍珠岩，配比为3：1：1；覆盖材料一律用蛭石。草炭可选用国产的"熊猫"或进口的"发发得"等品牌草炭，基质必须进行消毒以杀灭线虫、病菌，一般每立方米基质加50%多菌灵200g。配制基质时每立方米基质中加入硫酸钾型三元复合肥（N：P_2O_5：K_2O为15：15：15）0.8～1.2kg，肥料应完全溶解后与基质混拌均匀后备用。也可直接选购商品育苗基质，如杭州锦海农业科技有限公司生产的西瓜专用基质金色3号等，装钵（盘）即可。

2. 重型基质

（1）配制　取5年以上未种过瓜类的水稻土或山泥土70%～80%，加优质腐熟鸡粪20%～30%、适量水混匀，用薄膜覆盖堆制1～2个月，过筛后备用；为减轻病害发生，可在育苗前3～4个月，把水稻土深翻，并将土块逐步粉碎，任其自然腐熟风化。或取红壤土45%、菇渣45%，加优质腐熟鸡粪10%、适量水混匀，用薄膜覆盖堆制1～2个月。营养土切忌用菜园土或种过瓜类作物的土壤，或临时取土临时堆制。

（2）消毒　营养土应消毒以杀灭病菌和根结线虫。一般每立方米基质用40%甲醛200～300g加水25～30L喷洒，或用50%多菌灵80～100g加水20～25L喷洒灭菌。用80%敌敌畏乳油800～1000倍液或90%敌百虫晶体80～100g加水50L药液喷洒灭根结线虫，每立方米基质药液用量1kg左右。方法是把营养土铺开后将药液喷洒上去，充分拌匀，再堆积起来，覆盖塑料薄膜封闭30天，然后打开薄膜把营养土摊开，晾晒7～14天，待药气散尽后方可使用。

（3）装钵（盘）　装钵（盘）前7天每吨营养土加入硫酸钾型三元复合肥1.5kg、过磷酸钙2kg和硫酸钾1kg，拌匀，其干湿度以手捏成团、落地能散为宜。装钵（盘）后，将钵（盘）紧实排列于苗床上。

方法是把营养土铺开后将药液喷洒上去，充分拌匀，再堆积起来，覆盖塑料薄膜封闭30天，然后打开薄膜把营养土摊开，晾晒7～14天后使用。配制营养土，还需每立方米加硫酸钾型三元复合肥250g。

（六）催芽播种

1. 播种期

根据设施保温条件及计划安排上市时间，往前推算确定播种时间。一般冬季育苗苗期为30～50天。沿海地区采用大棚+中棚+小棚+地膜特早熟栽培的，可于12月中下旬播种，于1月中下旬至2月上中旬移栽，4月中下旬即可上市；其他地区采用大棚+小棚+地膜早熟栽培的，可于1月中旬播种，2月下旬移栽，5月上中旬上市；一般早熟栽培的，可于2月下旬至3月下旬播种。播种用的种子要在预定播种期的前2天进行温烫浸种催芽，同时苗床提前通电或加热增温。

2. 种子消毒和催芽

播种前先置种子于阳光下晒2天，使种子发芽整齐。种子消毒可采用物理或化学方法，以达到灭菌防病的效果。常用的物理方法是温汤烫种，把种子浸入55℃的水中，边浸边搅动，当水温降至40℃左右时可停止搅拌。化学处理通常用1%高锰酸钾溶液或10%磷酸三钠溶液浸种15min，然后充分冲洗干净，再浸清水4～6h，洗去黏液，放在恒温箱或发芽箱内进行催芽。催芽温度控制在开始18h为30～32℃，以加速种子的呼吸作用和生理反应，提高发芽势；萌动后降低至28～30℃，以利壮芽。当种子胚根露白或稍伸长即可分捡挑出，室温下炼芽12～18h。在没有发芽箱或恒温设备的情况下，可采取简易催芽办法：一是电热毯催芽法，将湿毛巾包裹的种子再包上农膜，包在电热毯里，将温度调在"中档"即可；二是利用体温催芽法，将湿布包裹的种子装入小塑料袋内，放在贴身内衣的口袋里，24h后种子即开始发芽。少量种子催芽，也可用自制简易催芽箱，用普通灯泡点亮加温，但一定要注意安全。

3. 播种

播种前1周，育苗棚覆膜保温，播种前2天，一次性浇足营养土底水，晾干，并预热苗床，保持土温在25℃以上，当种子出芽后即可播种。播种时间以晴天午后为宜，一钵（穴）一粒，种子宜平放，播后盖细泥0.5cm，铺上地膜，搭好中小拱棚覆膜保温。实践证明，专业户大批量的西瓜育苗宜先统一采用平盘落籽播种，待出苗后再移进钵（盘）的"两段法"育苗方式，便于统一操作管理、克服钵（盘）直播育苗易发生出苗时间前后不一、长成高脚苗的缺点，"两段法"育苗种子催芽时间可短些，露白后即可播种。

（七）苗床管理

1. 温度管理

掌握"两高两低"的原则，即分为四个时期。第一时期，播种后至子叶出土，为加速出齐苗，适宜温度28～32℃，苗床应严密覆盖，白天充分见光提高床温，夜间覆盖保温，使出苗快而整齐，西瓜一般3天左右即可出苗。当30%～40%的苗出土后及时揭去地膜，"戴帽"的苗要及时人工去壳。第二时期，50%出苗到第一片真叶展开，适当降低苗床温度，白天保持23～25℃，夜晚15～18℃，防止幼苗徒长，形成"高脚苗"。第三时期，真叶展开至移栽前1周，西瓜真叶长出后适当升温，白天25～28℃，夜间18～20℃，以加速瓜苗生长。第四时期，定植前7天炼苗，白天温度控制在25℃，夜间床温控制在18℃左右。此时若无强冷空气，晴天较多，昼夜可不加温，白天开南面棚门通风炼苗，炼苗时应注意通风口背风，以免冷风直接吹入伤苗，通风量应由小到大、逐渐增加，并逐渐降低温度和揭膜通风炼苗，以提高适应性和抗逆性，使瓜苗健壮，移栽后缓苗时间短，恢复生长快。如遇到连续阴雨天气，为减少呼吸消耗，床温可降低至15℃。炼苗时间和炼苗程度因幼苗的长势而异，叶厚、叶色深绿、茎干粗壮的幼苗，可以轻炼；叶色嫩绿的、生长细弱的幼苗则应适当重炼。移栽前7～10天开始炼苗，以适应早春外界的低温环境。但也不可片面强调炼苗，过早揭膜温度变化过大，易导致僵苗。

2. 肥水管理

为减少病害发生，一般保持钵（盘）土下层潮湿，表土干燥为宜，叶片出现轻度萎蔫时浇水。由于电热温床水分蒸发与大田冷床育苗不同，往往是钵底水分散发早而快，因此补水时须用洒水壶去头进行点浇。温室育苗，补水时须灌水到苗床，通过底吸的方法让营养土吸足水分。不同土种保水力不一样，浇水次数需区别对待。如用水稻土做营养土，由于保水力强，浇水次数2次即可，时间为第1片真叶期和移栽前3天；如用沙壤土做营养土，由于土质疏松，保水力差，浇水次数需2次以上，视情况可在第2片真叶期增浇1次。苗床前期应严格控制浇水，因为在播种前苗床已浇透水，水分蒸发量又不大，浇水只会降低床温和增加湿度，容易引起幼苗徒长，发生病害。可用覆细土的方法减少水分蒸发、降低棚内湿度，当幼苗刚出土、表土发生裂缝时覆一薄层湿细土，增加土表湿度，帮助子叶脱壳，保护根系。幼苗根际处稍厚些，以弥补因幼苗顶土造成的裂缝，可促进发根，且具有明显的保水作用。撒细土工作可结合通风进行，通风后幼苗叶面较干燥，可避免叶片因沾染泥土影响光合作用、感染病害，及苗床湿度过高引起幼苗徒长。一般情况下，西瓜苗期不用施肥，若出现缺肥症状，可结合病虫防治喷施0.3%尿素及0.2%磷酸二氢钾溶液。如遇强冷空气影响时，除采取闭棚保暖，傍晚加盖小拱棚、覆盖遮阳网或无纺布等保温措施外，苗床应停止浇水，控制营养钵内水分含量，低温来临前两天再喷一次0.2%磷酸二氢钾，以提高植株抗逆性。

3. 光照管理

苗床内应尽量增加光照，使用新农膜以增加透光率。在苗床温度许可情况下，小拱棚膜要尽量早揭晚盖，延长光照时间，降低苗床湿度，改善透光条件。即使遇到连续低温等恶劣天气，在保持苗床温度不低于16℃的情况下，也要利用中午温度相对较高时通风见光降低湿度，不能连续遮阴覆盖。同时根据光照强弱进行人工补光，一般在上午10时至下午2时进行。在久雨乍晴的天气下，苗床温度会急剧升高，瓜苗会因失水过快而发生生理性缺水，出现萎蔫现象，不能马上揭膜见光通风，可适当遮阳"回帘"，让幼苗接受散射光，并用喷雾器在幼苗上喷水雾，补充幼苗散失的水分，缓解萎蔫程度。

4. 病虫害防治

早春育苗因苗床温度低、湿度大，易发生猝倒病、炭疽病等多种病害，除尽量降低棚内湿度、增加光照外，可喷药防病；如连续低温弱光阴雨天气不能喷药，可用百菌清烟熏剂（一熏灵）熏烟，每100m²用2颗，小拱棚内禁止使用以防药害。注意蚜虫防治，移栽前喷药追肥，做到带肥带药下田。

（八）壮苗标准

西瓜育苗阶段是植株生长发育的基础时期，培育壮苗是形成质量好、数量多的雌花，最终达到丰产的关键。明确怎样的苗是壮苗，对指导育苗阶段的各项操作十分重要。壮苗标准可以有形态、解剖和生理3个层次的标准。形态上壮苗（图4-22）表现生长稳健，茎叶粗壮，下胚轴短粗，子叶平展、肥厚，叶柄短，叶色浓绿，根系舒展、发育适度、表面白嫩；解剖上壮苗表现为组织排列紧凑，机械保护组织发达；生理上壮苗表现为组织含水量较低，干物质含量较高，细胞液浓度和含糖量较高。具备以上特性的西瓜壮苗，植株耐旱、耐寒，适应性强，具有较高的生理活性，移栽定植后缓苗快。

壮苗苗龄为30～40天，苗高15cm左右，2～3片真叶。穴盘育苗的，壮苗根系要长满孔穴。

图4-22 壮苗

三、设施西瓜嫁接育苗技术

设施西瓜嫁接育苗技术是选用与西瓜亲和力强的葫芦、南瓜等作为砧木，以西瓜幼苗为接穗，将接穗接到砧木上进行育苗，使两者愈合成一个新的统一共生体、成活后移栽到田间的一种栽培方法，这不仅是防治枯萎病的有效措施，同时也会减轻病虫害和重茬危害，是降低成本、提高效益的重要途径。

（一）砧木的选择

砧木选择适当与否，直接关系到西瓜的品质与经济效益，一般葫芦类砧木抗西瓜枯萎病、嫁接亲和力与共生亲和力强，且不影响果实的甜度、质地和色泽、风味，宜推广应用；南瓜类砧木抗西瓜枯萎病能力强，但亲和力不及葫芦砧强，果实品质较差，果皮增厚，果肉较硬，食味品质下降，不宜推广应用；西瓜共砧亲和力强、品质好，但抗西瓜枯萎病不彻底，易发生枯萎病，生产上不宜推广应用。所以，选择砧木要慎重。砧木应具备抗西瓜枯萎病及其他病害、与接穗西瓜亲和力强、嫁接成活率高、嫁接植株能顺利生长和正常结果、且对果实品质无不良影响、嫁接时操作便利等性状。

不同省份、不同区域的枯萎病生理小种可能具有差异，宜选择抗病性强的砧木进行嫁接，如海南省西瓜嫁接生产过程中近年来发现葫芦砧木对枯萎病抗性下降，因此生产中葫芦砧木嫁接比例逐年下降，而采用南瓜砧木进行嫁接的比例逐年增加。

（二）常用砧木品种

我国西瓜砧木品种选育工作刚刚起步，目前在上海、江苏、浙江等地西瓜生产上应用的砧木主要是来自日本的专用砧木、近年国内有关单位选育的杂交一代组合和一些地方品种。葫芦类砧木主要有葫芦砧1号、京欣砧1号、京欣砧冠、京欣砧王、甬砧1号、甬砧2号、甬砧3号、神通力、华砧2号等。南瓜类砧木主要有京欣砧4号、全能铁甲、思壮7号等。西瓜共砧主要有勇士等。现将葫芦类和南瓜类砧木品种介绍如下。

1. 葫芦砧1号

浙江大学选育，是小中型西瓜的理想嫁接砧木。果实圆梨形，植株生长势中等，根系较发达，吸肥力较强，嫁接成活率高，共生亲和力强，下胚轴粗短，嫁接操作容易。坐果性好，有明显的增产效果，对西瓜品质无不良影响。耐低温，耐湿，适应性强。种子千粒重约120g。

2. 京欣砧1号

北京市农林科学院蔬菜研究中心育成，是瓠瓜与葫芦杂交的西瓜砧木一代杂种，适合做中型西瓜的嫁接砧木。嫁接亲和力好，共生亲和力强，成活率高。嫁接苗植株生长稳健，株系发达，吸肥力强。种子黄褐色，表面有裂刻，较其他砧木种子籽粒明显偏大，千粒重150g左右。种皮硬，发芽整齐，发芽势好，出苗壮，下胚轴较短粗且硬，实杆不易空心，不易徒长，便于嫁接。与其他一般砧木品种相比，耐低温、耐高温，但不耐渍，表现出更强的抗枯萎病能力，叶部病害轻，生理性急性凋萎病发生少。对果实品质无不良影响。适宜早春栽培，也适宜夏秋高温栽培。

3. 京欣砧冠

北京市农林科学院蔬菜研究中心最新育成，适合做中型西瓜的嫁接砧木。嫁接亲和力好，共生性强，成活率高。嫁接苗植株生长稳健，株系发达，吸肥力强。种子形状整齐美观，发芽整齐快捷，不易徒长，便于嫁接。与其他一般砧木品种相比，耐低温，表现出更强的抗枯萎病能力，叶部病害轻，后期耐高温抗早衰，生理性急性凋萎病发生少，有提高产量的效果，对果实品质无不良影响。适宜早春栽培及夏秋高温栽培。

4. 京欣砧王

北京市农林科学院蔬菜研究中心2004年育成，适宜早春栽培，也适宜夏秋高温栽培的嫁接砧木。嫁接亲和力好，共生亲和力强，成活率高。嫁接苗植株生长稳健，根系发达，吸肥力强。种子小，发芽快，发芽势好，出苗壮，下胚轴较短粗且硬，实秆不易空心，不易徒长，便于嫁接。抗枯萎病能力强，后期耐高温抗早衰，生理性急性凋萎病发生少。有提高产量的效果，对果实品质无不良影响。千粒重120g左右。

5. 甬砧1号

宁波市农业科学研究院选育，是浙江省第一个通过非主要农作物品种认定的西瓜嫁接专用砧木品种。生长势中等；侧蔓结果，第1雌花节位为子蔓第8～10节，孙蔓第1节，果实为梨形，皮绿白色；下胚轴粗壮且不易空心，茎秆粗壮；根系发达，吸肥力强而不易徒长；抗枯萎病；嫁接亲和力好。嫁接苗生长较快，始收期比自根苗早5天左右，坐果率高而稳定，早春耐低温、耐湿、耐瘠薄；不影响西瓜品质，特别适合浙江地区设施栽培早佳西瓜品种的嫁接。

6. 甬砧2号

宁波市农业科学研究院选育，适合做中型西瓜的嫁接砧木。根系发达，直根系，茎蔓呈棱形，叶互生，肥大，掌状形，缺刻浅，叶面粗糙，叶脉分枝处有白斑。果实扁圆形，果面平滑，嫩瓜绿色，老瓜黄色。种子扁平、卵形、白色，千粒重79g。茎秆粗壮，吸肥力强，枝叶不易徒长，下胚轴粗壮不易空心，有利于嫁接作业。嫁接亲和力好，共生亲和性强，嫁接成活率高。抗枯萎病和蔓枯病。生长势稳健，结果率高而稳定，耐低温，耐湿，耐瘠薄，不影响品质，增产效果明显。

7. 甬砧3号

宁波市农业科学研究院选育。果实为梨形，嫩果皮浅绿色，老熟瓜绿白色；生长势中等，下胚轴粗壮且不易空心；根系发达，嫁接亲和力好，嫁接苗生长势稳健，易坐果；较耐高温，不易早衰，高抗西瓜枯萎病，与京欣砧1号相当，对果实品质无影响。

8. 神通力

宁波市农科院蔬菜研究所从日本引进的中型西瓜嫁接专用砧木品种。生长势中等，对枯萎病等土传病害抗性强。胚轴粗壮，不易空心。易嫁接，既可采用插接法也可用靠接法嫁接，亲和力强，嫁接成活率高。嫁接幼苗在低温下生长快，生长势稳健，坐果早而稳。嫁接后不改变西瓜品质，而且较自根西瓜糖度高、口味鲜，增产效果明显，特别适合设施早熟栽培。耐低温，耐湿，耐瘠薄。

9. 华砧2号

合肥华夏西瓜甜瓜育种家联谊会科学研究所选育，是较为理想的小型西瓜专用砧木。果实圆梨形，植株长势强健，根系发达，下胚轴粗短，嫁接操作方便。共生亲和力强，西瓜嫁接植株生长强健，坐果稳，具有明显的增产效果，对西瓜品质无不良影响。耐低温，可促进早熟，且耐湿，耐贫瘠。种子千粒重约120g。

10. 京欣砧4号

北京市农林科学院蔬菜研究中心选育，适合做中型西瓜的嫁接砧木。嫁接亲和力好，共生亲和力强，成活率高。种子小。发芽容易，整齐，发芽势好，出苗壮。与其他一般砧木品种相比，下胚轴较短粗且深绿色，子叶绿且抗病，实杆不易空心，不易徒长，便于嫁接。高抗枯萎病，对果实品质影响小，对西瓜瓤色有增红功效。适宜早春西瓜嫁接栽培。

11. 全能铁甲

山东德高蔬菜种苗研究所利用国外砧用南瓜和中国砧用南瓜杂交育

成的西瓜砧木。生长强健，分枝性强，吸肥力强，耐热，叶心形全缘，叶脉交叉处有白斑，果皮墨绿色，果圆球形。种皮白色，种子千粒重170g。嫁接亲和性和共生亲和性好，高抗枯萎病和雨后急性凋萎病，较耐低温，适合做西瓜早熟栽培的砧木；具有良好的耐热性，亦适合秋延嫁接栽培。嫁接植株生长强健，不早衰，有利多茬结瓜。对西瓜品质影响小。该砧木适合嫁接二倍体西瓜，不宜嫁接无籽西瓜。

12. 思壮7号

宁波市农业科学研究院选育。植株蔓生；根系发达；茎为五棱形、深绿色；叶片掌状；花药败育；果柄五棱形、近基部有突起，果实近圆形，绿色、有白斑，老熟瓜灰绿色、白斑；种皮白色，种子千粒重220g。嫁接亲和性好，高抗西瓜枯萎病，耐低温和耐湿性较强，对果实品质无明显影响。

（三）嫁接设施

1. 苗床

可在固定苗床和移动苗床上育苗，为了增加育苗面积，大型温室提倡采用移动式苗床育苗。苗床建设应有配套的排水设施。由于嫁接砧木、接穗和嫁接苗育苗过程中对环境要求不同，宜采用分区管理，即将砧木育苗、接穗育苗、嫁接苗分别放在不同苗床区域管理，以便更好调节温度，有条件的育苗场应设置单独炼苗用的苗床。

苗床要进行高温闷棚、蒸汽消毒、热水消毒等处理。每亩撒施生石灰100kg，灌水，覆盖地膜，密闭大棚30天以上；或用90℃以上蒸汽消毒30min；或用热水消毒法，每平方米用热水100～200L。

播种前7天做好育苗畦，畦宽1.4～1.5m，畦面比地面低5.5cm，置入营养钵或穴盘后与地面相平，畦面平整后铺一层地膜。播种前2天对已摆放了育苗钵或穴盘的苗床灌水，通过底吸的方法使基质吸足水分。一般1000株西瓜嫁接苗需苗床面积在3～5m²。

2. 育苗容器

砧木育苗可选用50孔、72孔穴盘，或口径8～10cm的营养钵，大孔径穴盘和营养钵有利于培育大苗、壮苗。接穗育苗可选用塑料方形平底盘，或直接在棚内利用基质或营养土做畦。穴盘或营养钵重复使用应进行消毒处理，用2%漂白粉充分浸泡30min，清水漂净备用。

3. 基质

基质最好选用由草炭、珍珠岩、蛭石配制的西瓜嫁接育苗商品基质"金色3号"，或菇渣、红壤土、腐熟鸡粪（配比4.5∶4.5∶1）混合营养土和商品基质"金色3号"各1份的混合基质。

营养土使用前进行消毒处理，用50%多霉灵可湿性粉剂1500倍液或50%异菌脲可湿性粉剂1500倍液喷洒预防根腐病，药液量以喷湿为宜。其他消毒方法同设施西瓜常规育苗技术。

4. 嫁接器具

刀片，用双面刀片，将其纵向折成2片即可，刀刃变钝时要及时更换。嫁接签多以竹片制成，一端削成弧形渐尖，径粗与西瓜下胚轴粗细相同，约3mm，以不撑破接穗下胚轴为宜。嫁接夹，有些地方为了使砧木与接穗切面紧密贴合，在嫁接部位用塑料嫁接夹固定。

5. 杀菌消毒

育苗场地、拱棚、棚膜、保温被（或草帘）及整个生产环节所用到的器具，都要用40%甲醛50倍液喷雾消毒，每平方米用药30ml，然后封闭48h，再通风5天待甲醛完全挥发后即可开展育苗工作。

（四）浸种催芽

1. 浸种

播种前选晴天晒种1～2天。西瓜砧木在70℃热水中浸15min，不断搅拌，浸种完毕，清洗种子，然后在10%磷酸三钠溶液中浸15min或40%甲醛150倍液中浸30min，浸后立即用清水洗净，再在室温下浸清水24～48h，其间搓洗2次。脱水后，将种子置太阳下晒至种壳发白，然后，又在室温下浸清水12h，脱水，晒种2h左右，催芽。

等30%砧木种子出土，接穗种子即可浸种。在55℃温水中浸15min，不断搅拌，完毕后清洗种子，然后在10%磷酸三钠溶液中浸15min或40%甲醛150倍液中浸30min，浸后立即用清水洗净，再在室温下浸清水2～4h，其间搓洗1次。

2. 催芽

砧木在31.5℃左右催芽，但不得超过32℃。催芽时要加水和洗种子1～2次。擦去接穗种子表面黏液，冲洗干净，沥干水分，用湿布包好，置于28～30℃的温度下催芽。

3. 炼芽

待种子胚根达到1mm左右，分次捡出，用湿布包好，在室温下炼芽12～18h。

（五）播种

根据移栽时间，提前40天左右播种。一般11月至翌年1月播种，砧木比接穗约提早7天播种。播种前2天对已摆放了育苗钵或穴盘的苗床灌水，通过底吸的方法使育苗土吸足水分。炼芽后砧木种子胚根斜向置在铺有4～8cm厚基质的穴盘和营养钵，一穴或一钵1粒，盖1～1.5cm厚的基质，均匀浇水，浇水量为饱和持水量的80%（图4-23）。接穗种子播在铺有4cm厚基质的育苗盘中，种子平放，胚根朝下，播距以种子不重叠为度，然后盖上1cm厚的基质或蛭石（图4-24），浇透水。

图4-23 播种

图4-24 盖籽

（六）苗期管理

当砧木破土50%，接穗破土25%～30%时，进入苗期管理。出苗前苗床密闭，白天温度保持在25～30℃，不得超过30℃，夜间采用空气加热器或热风炉加温至18℃，并保持湿度，减少带帽现象。50%出苗时要降低苗床温度，防止下胚轴徒长。白天温度20～25℃，夜间不低于18℃。嫁接前1～2天适当通风。通风时注意温度不要急剧变化，造成伤苗。砧木、接穗出土后要及时脱帽，在早晨苗床潮湿时，用手轻轻拨去种壳。砧木出现真叶要及时摘除。出苗前保持苗床湿润，出苗后苗床表土以干为主。砧木嫁接前5天施肥1次，在晴天的午后喷500倍磷酸二氢钾的水溶液，溶液温度接近棚内地温。嫁接前1～2天，控制浇水。

（七）嫁接操作

接穗子叶出壳刚转绿或子叶刚平展即可用劈接法或插接法嫁接。嫁接时保持棚内温度28～30℃，湿润。

劈接法，在西瓜子叶平展后嫁接。做法是砧木比接穗提前7～10天播种，适期为砧木第1片真叶露头，接穗以子叶刚刚平展。嫁接时先去除砧木生长点，用刀片从两片子叶中间一侧向下劈开1cm左右，成楔形，再取接穗苗在接近子叶节1～1.5cm处两侧各削一刀，形成楔形，将削好的接穗插入砧木劈口，使砧木和接穗削面平整对齐，然后用嫁接夹固定（图4-25）。劈接法接口愈合好，成活率高，其后生长良好，但砧木维管束在接口一侧发育好，另一侧发育较差，容易开裂，嫁接工效低。

插接法，在西瓜子叶出壳刚转绿色时嫁接。做法是用刀片削除砧木苗的生长点，然后用一端渐尖且与接穗下胚轴粗度相适应

图4-25 采用劈接法的嫁接苗

的竹签，在除去生长点的切口下戳一个深约1cm的孔。为避免插入胚轴髓腔，插孔时稍偏于一侧，深度以不戳破下胚轴表皮、从外面隐约可见竹签为宜。再取接穗，左手握住接穗的两片子叶，右手用刀片在离子叶节0.5～1.0cm处（图4-26），由子叶端向根端削成楔形面，削面长约1cm，然后左手拿砧木，右手取出竹签，随手把削好的接穗插入砧木孔中，使砧木与接穗切面紧密吻合，同时使砧木与接穗子叶成"一"或"十"字形。如砧木与接穗苗大小适宜，操作者嫁接技术熟练，不需固定。插接法操作简单，嫁接工效高，成活率高（图4-27），是目前生产上最为常见的嫁接方法。

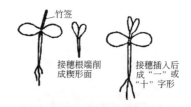

嫁接时，要用蒸汽熏蒸，或用40%甲醛100倍液、10%磷酸三钠液浸渍消毒嫁接器具和手等。

图4-26 插接法操作图

图4-27 采用插接法的嫁接苗

（八）嫁接苗管理

1. 湿度

嫁接好的苗立即移入小拱棚内，此时棚内湿度要达到饱和状，小棚膜面出现水珠，2～3天不通风。4～5天后要防止接穗萎蔫，并需要注意逐渐接触外界条件，在上午9时或下午3～4时棚内湿度较高时开始短时间通风换气，以后逐渐增加通风量和通风时间，降低小棚内的空气湿度。嫁接成活后即可转入正常的湿度管理。刚嫁接后如接穗出现凋萎，可用喷雾器喷温水（与室温相同）。

2. 温度

刚嫁接时以白天26～28℃、夜间24～25℃为宜，晴天小拱棚内的温度会上升到30℃以上，夜间会降到15℃以下，而白天不能采用通风降温，可用遮阳网等遮盖降温，夜间加温。嫁接4～5天后开始通风换气进行降温，以后随着日数的增加、接口的愈合，可转入一般苗床的温度管理。嫁接7天后，白天气温23～24℃，夜间18～20℃。以后要降低夜间的气温，在嫁接苗出苗床前7天白天气温保持23～24℃，夜间温度降至13～15℃。

3. 光照

嫁接后要避免阳光直射苗床，在小拱棚外面覆盖遮阳网等覆盖物，嫁接当天和次日必须严密遮光，第3天早晚除去覆盖物，见弱光30～40min。以后逐渐延长光照时间，7天后只在中午遮光，阴雨天不遮光。10天后恢复一般苗床管理。若遭遇连续低温、阴雨、少光照的天气，要及时用植物生长灯每天补光3～6h。

4. 肥水

密切注意嫁接苗长势，成活后追1次肥，用0.2%～0.3%尿素或0.2%～0.3%磷酸二氢钾叶面喷施。若发现僵化苗，应在晴天下午每株浇0.3%的磷酸二氢钾和0.3%的尿素混合液100～500ml，或每亩叶面喷施绿芬威2号1000倍液15kg左右。瓜苗叶薄、叶色黄绿，应叶面喷施0.2%～0.3%尿素或0.2%～0.3%磷酸二氢钾液，每5～7天喷1次。有条件的还可在西瓜第一片真叶展开后在晴天或阴天的上午9时后或下午闭棚后向苗床补充二氧化碳气体，浓度600～1000mg/L。

5. 抹芽

成活后，发现砧木出现萌芽，要及时摘除，用镊子夹住侧芽轻轻拉断，注意不要伤及接穗和砧木子叶（图4-28）。

图4-28 抹芽

6. 炼苗

定植前5～7天炼苗，选晴暖天气，结合浇水，施1次淡肥，喷1次防病药剂，并增加通风量，降低温度，适当抑制幼苗生长，增强抗逆力。炼苗视幼苗素质灵活掌握，壮苗少炼或不炼，嫩苗特别是增施二氧化碳气体的嫁接种苗一定要炼苗5～7天，强度适当增加。炼苗期间，如有刮风、下雨、寒流等不利天气，应加盖覆盖物。

（九）病虫防治

苗床温度低、湿度大、光照弱、通风不良等不利嫁接种苗的生长，而有利炭疽病、猝倒病、立枯病菌的生长与繁殖。一旦发生病害要及时用药防治，可用75%百菌清可湿性粉剂600倍液、64%噁霜灵·锰锌可湿性粉剂500倍液、70%代森锰锌可湿性粉剂500倍液、70%甲基硫菌灵可湿性粉剂1000倍液、58%甲霜灵可湿性粉剂400～600倍液防治，不宜用多菌灵、三唑类等农药。喷药要选在晴天上午进行。

灌水后或连续遭遇低温阴雨天气，苗床内湿度过高，若棚膜采用常规薄膜或无滴性差的薄膜，棚内就极易凝结水滴，水滴滴落在叶片上，出现水渍状斑，严重时腐烂。伴随这种现象的发生，往往引发其他病害的发生。因此，发现叶片水渍状斑，应及时用75%百菌清可湿性粉剂600倍液喷雾，以加速伤口的愈合，减少其他病害的浸染。

苗期害虫主要有蚜虫、蓟马、潜叶蝇等，除挂设黏虫黄板和蓝板进行物理防治外，可选用50%灭蝇胺可湿性粉剂5000倍液、5%啶虫脒乳油3000～4000倍液等进行药剂防治。

（十）检测

苗龄40天左右，真叶2～3片，叶色浓绿，子叶完整，接口愈合良好，节间短，幼茎粗壮，生长清秀，盘根结实的壮苗可出苗床种植。移植前应用ELISA方法检测黄瓜绿斑驳花叶病毒病。

图4-29 装箱

（十一）运输

采用车辆运输，运输车厢内可立架分层散装或箱装（图4-29），并要有防水、防淋、防晒、防冻措施。

四、设施西瓜嫁接育苗常见问题与解决措施

（一）带壳出土

西瓜砧木若用葫芦类品种，葫芦种子种壳厚且硬，一旦育苗土水分不足，覆土太薄就容易造成种苗带壳出土。若不及时脱壳，则造成子叶扭曲、破损，不利于幼苗的生长。要防治此类现象的发生，播种前2天对已摆放了育苗钵的苗床灌水，通过底吸的方法使育苗土吸足水分，播种后覆土厚度1.5cm；若发现种子带壳出土，在早晨苗床潮湿时，用手轻轻拨去种壳。

（二）徒长苗

徒长苗主要特征是叶片狭长而薄，叶色浅绿，蜡粉少，茸毛稀疏；子叶窄而薄、色浅，容易脱落；下胚轴细长，幼茎细、节较长、色浅；根系不发达，侧根数量少且根较纤细。徒长苗定植后不易缓苗，缓苗时间长，脱叶多；幼茎和叶柄容易折断；结瓜晚且不易坐瓜，瓜小、品质也较差。为防止嫁接苗徒长，一要根据砧木对育苗肥水的要求合理配制营养土（红壤：菇渣：腐熟鸡粪配比为4.5∶4.5∶1），并每立方米加硫酸钾型三元复合肥250g或选用西瓜嫁接育苗商品基质"金色3号"；二要加强苗床的温度管理，在砧木苗出土后进行大温差（10℃以上）育苗，防止夜温偏高；三要根据苗情合理浇水，浇水的水温要接近室温，以免影响根系发育，并及时通风，减少湿度；四要保持和增强苗床的光照，在少照的情况下，要及时用植物生长灯补光3～6h。对已发生徒长的嫁

接苗，要先找出引起徒长的主要原因，并针对性地采取控氮、控温、通风排湿、增加光照等措施来控制徒长。

（三）瓜苗无生长点

刚嫁接成活的苗，生长点较幼嫩，耐肥、耐药能力较弱。此时，如果叶面喷药或追肥浓度偏高、喷洒量略大极易使生长点受到药害、肥害而停止生长。幼苗遇低温受到冻害或冷害时，生长点往往会被冻死而缺失。所以，一是叶面喷药或追肥的浓度不宜偏高，尤其苗期不能喷施多菌灵、三唑类等农药。二是视嫁接后天数严格管理温度，刚嫁接时白天保持棚温26～28℃、夜间24～25℃；嫁接7天后，白天保持棚温23～24℃，夜间18～20℃；嫁接成活后要降低夜间的气温，在嫁接苗出苗床前7天棚温白天保持23～24℃，夜间降至13～15℃。若夜间棚温达不到要求，就要启用锅炉或空气加热器加温。三是选择保温性好、采光条件较为完善的日光温室作为育苗设施。

（四）僵苗

嫁接后连续遭遇低温、阴雨天气，如不及时增温补光，致使苗床温度低所引起的僵苗表现为子叶较小，边缘上卷，下胚轴太短，真叶出现后迟迟不能展开，叶色灰暗，根系不发达，颜色呈黑褐色。苗床干旱而引起的僵苗表现为子叶瘦小，边缘向外翻卷，叶片发黄，生长缓慢，根系锈黄色。缺肥引起的僵苗表现为子叶上翘，叶片小而发黄，向上卷起，有时边缘干枯。肥过多引起的僵苗主要表现根系黑褐色。出现僵苗后，不但推迟生育期，影响早熟效果，而且给西瓜的产量和品质也带来不良影响。防止僵苗的发生，首先要合理配制营养土，保持适量的养分供应，避免营养不足和烧根；其次，要保持苗床适宜的温、湿度，出现低温天气，应及时加温，减少通风量，尽可能使苗床接受更多的光照，提高床温；再次，要加强肥水管理，适时适量浇水和施肥；最后，根据苗情和天气情况适度炼苗。对已发生僵化的嫁接苗，应先检查出原因，而后有针对性地采取补救措施，促苗生长。对轻度僵化苗，一般通过加强苗床管理，改善生长环境后即可恢复生长。对僵化严重的苗，除了加强苗床管理外，还应在晴天下午每株浇0.3%的磷酸二氢钾和0.3%的尿素混合液500ml，或每亩叶面喷施绿芬威2号1000倍液15kg左右。

（五）瓜苗叶薄，叶色黄绿

首先要保持苗床足够的光照；其次要加大昼夜温差，防止夜温过高；此外还要加强苗床的通风，降低苗床内的空气湿度，刺激根系的吸收活动，增加养分供应。嫁接苗一旦出现叶薄、色黄绿现象时，还可喷洒0.2%的尿素液或0.2%磷酸二氢钾液，每隔5～7天喷1次。有条件的还可在西瓜第一片真叶展开后在晴天或阴天的上午9时后或下午闭棚后向苗床补充二氧化碳气体，浓度600～1000mg/L。增施二氧化碳气体后，育成的嫁接苗嫩绿，移栽前一定要炼苗5～7天。

（六）叶片腐烂

灌水后或连续遭遇低温阴雨天气，苗床内湿度过高，若棚膜采用常规薄膜或无滴性差的薄膜，棚内就极易凝结水滴，水滴滴落在叶片上，出现水渍状斑（图4-30），严重时腐烂。伴随这种现象的发生，往往引发其他病害的发生。因此，要选择无滴性好的薄膜覆盖，并且严格控制苗床湿度，田间一旦发现叶片出现水渍状斑，及时用75%百菌清可溶性粉

图4-30　水渍状斑

剂600倍液喷雾,以加速伤口的愈合,减少其他病害的浸染。

(七)嫁接技术不熟练,造成砧木茎皮破裂,接穗茎外露;或接穗单面削,插入时发生卷曲,嫁接愈合面小

因嫁接技术不到位若种植过深,外露接穗茎着地,又土壤中存在尖孢镰刀菌,则导致枯萎病的发生,起不到嫁接防病作用。后一种现象会导致嫁接处膨大(图4-31),输导组织阻塞。特别在坐瓜后,植株需要大量的水分和养分供给时,由于导管受阻,得不到足够的水分和养分,上部就会萎蔫,严重时植株死亡。为了防止以上问题的发生,一要加强对嫁接人员的技术培

图4-31 嫁接处膨大

训,绝不让嫁接技术不熟练的工人上岗;二要采取正确的嫁接方法。

(八)低温、高湿、通风不良,易发生猝倒病

苗床温度低、湿度大、光照弱、通风不良等不利嫁接苗的生长,而有利猝倒病菌的生长与繁殖。所以,提高土壤温度,通风降湿,增强幼苗抗病能力是预防猝倒病发生的有力措施。一旦发生猝倒病,立即用64%噁霜灵·锰锌可湿性粉剂500倍液进行喷雾防治,以阻止病害蔓延。

(九)营养土取材不当,有时发生根结线虫病

由于一些地区土地资源缺乏,育苗者难以取当地泥土作营养土,而只得购买红壤、菇渣等作营养土,因不了解情况,时有购买到有根结线虫的营养土。而用这种营养土育成的嫁接苗在种植后不久就发生根结线虫病,造成种植者很大的经济损失(图4-32)。为避免此类问题的发生,一要应用由草炭、珍珠岩、蛭石配制的商品基质"金色3号"做营养土;二要严

设施西瓜高效栽培技术图解(第二版)

格用80%敌敌畏乳油800～1000倍液或90%敌百虫晶体80～100g加水50kg药液喷洒红壤土、菇渣等营养土，每立方米营养土药液用量1kg左右。方法是把营养土铺开后将药液喷洒上去，充分拌匀，再堆积起来，覆盖塑料薄膜封闭30天，然后打开薄膜把营养土摊开，晾晒7～14天后使用。

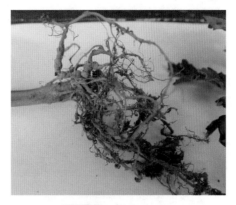

图4-32 根结线虫危害苗

/ 第四节 /

设施西瓜长季节栽培技术

一、标准瓜园的建立

（一）园址的选择

选择地势平坦、高燥、排灌方便、土层深厚、5年以上未种瓜类作物的田块，灌溉水须符合GB 5084—2005要求。

（二）瓜园处理

前作采收后灌水或灌水闷棚15～30天，放水，晒白。自根西瓜栽培，基肥每亩用腐熟有机肥1000kg、硫酸钾型三元复合肥30kg、过磷酸钙25kg、硫酸钾15kg。嫁接西瓜栽培，因嫁接西瓜根系发达，吸肥水能力强，基肥用量可以比自根西瓜少，每亩用腐熟有机肥1000kg、硫酸钾型三元复合肥25kg、过磷酸钙20kg、硫酸钾12kg。基肥撒施在田面上，用拖拉机翻耕（图4-33）。

图4-33 翻耕

（三）整地作畦

精细整畦（图4-34），平畦宽6～7m，中间开操作沟（图4-35），沟宽30cm、深15cm，成两种植畦，各宽2.5～3m，四周排水沟深60～80cm，宽30～50cm。

图4-34 整畦

图4-35 开沟

（四）搭棚覆盖

平畦两边各留25～30cm压膜，搭建高1.8m、跨度5.5～6.5m的大棚（图4-36），覆盖0.05～0.06mm厚的无滴膜（图4-37）。移栽前7天，每条瓜畦铺设简易滴管1～2根，然后覆盖0.014mm厚的地膜。移栽后，按种植畦搭建高0.8m、跨度1～1.2m的小拱棚，覆盖0.014mm厚的无滴膜（图4-38）。若气温低于5℃，在大棚内增搭高1.4～1.5m、跨度5～6m的中拱棚，覆盖0.014～0.025mm厚的膜。

图4-36 搭棚

图4-37 盖膜

图4-38 标准瓜园

二、西瓜定植

1. 定植时间

1月下旬或2月上中旬，瓜苗二叶一心至三叶一心时定植。定植时，要求地表下10cm处土温10℃以上、棚温20℃以上，土壤水分以手捏成团、落地开花为宜。

2. 定植密度

采用自根苗或嫁接苗匍匐栽培。自根苗株行距为（2.5～3）m×（0.8～1）m，每亩栽植220～250株。嫁接苗株行距为（2.5～3）m×（0.7～0.75）m，每亩栽植250～300株。

3. 定植方法

定植前先用打钵机在畦中央开种植穴，每畦种植一行，株行距（2.5～3）m×（0.7～0.75）m，每亩栽植250～300株。然后脱钵（穴盘）带土放入种植穴，嫁接西瓜适当浅栽，嫁接愈合处离畦面3cm以上。边定植边施定根水，用0.3%硫酸钾型三元复混（合）肥、0.2%磷酸二氢钾、70%敌磺钠可湿性粉剂500倍混合液穴施，每穴500ml。施肥后定植穴用土封严。

三、定植后的管理

1. 缓苗期管理

定植后3天检查瓜苗成活情况，出现死苗，立即补种。发现萎蔫苗或僵苗，在晴天下午，每株浇0.3%磷酸二氢钾加0.4%尿素液500ml，或叶面喷施绿芬威2号1000倍。定植后以保温为主，密闭大棚，保持小拱棚内温度30～35℃。此期，南方地区低温、多阴雨，表土湿润或地表下10cm下土壤手捏成团、落地不开花时不浇水。

2. 伸蔓期管理

棚温20℃以上，揭去小棚膜。棚温超过30℃，选择背风处开始大棚的通风降温。棚温超过35℃时，应逐步降温，防止降温过快造成伤苗。下午棚温30℃左右时关闭通风口。阴天和夜间仍以覆盖保温为主，保持棚内夜温13℃以上。棚内夜温稳定在15℃以上可揭去小拱棚。出子蔓后，及时理蔓，让主蔓向右前方、子蔓向左后方斜爬。理蔓于下午进行，避免伤及蔓上茸毛或花器。主蔓长60cm左右开始采用一主二侧三蔓整枝法，每株留主蔓和2条最粗壮的子蔓。嫁接西瓜整枝不能一步到位，要分次整枝。主蔓长60cm左右开始第一次整枝，保留主蔓，剪除或摘除基部细弱子蔓1～2个，以后每隔3～4d进行1次，每次整去1～2个细弱子蔓，最后每株保留主蔓和2条最粗壮的子蔓，坐住瓜后不再整枝（图4-39）。此期，看长势施肥，叶色黄绿，茎蔓细小，施1次肥，每亩用硫酸钾型三元复混（合）肥5kg加水30倍穴施，每穴250～500ml，或滴灌施。坐瓜前植株生长旺盛、茎蔓粗壮、叶片肥大、叶色浓绿，不施肥。反之，在坐瓜节位的雌花子房绿豆大时适当施肥，每亩施硫酸钾型三元复混（合）肥5kg，滴灌时间7～8min。此期，南方地区低温、多阴雨，大棚四周要清沟排水。

图4-39 整枝

3. 结果期管理

白天温度保持在25～30℃，夜间不低于15℃，否则坐果不良。第二批瓜结果时外界气温已较高，要及时通风降温，在棚两头开膜通风及在棚中间开边窗（图4-40）。植株长势好、子房发育正常，主、侧藤第1朵雌花坐瓜。开花时，在早上7～9时进行人工授粉（图4-41），阴天适当推迟，晴天适当提早。人工授粉后做好标记，注明坐果时间。幼瓜坐稳后，每株保留正常幼瓜1个，其余摘除。第二批瓜每株坐2个瓜左右，以后看苗坐果。膨瓜肥要早施、淡施。幼瓜鸡蛋大时施第1次膨瓜肥，每亩施硫酸钾型三元复合肥10kg、硫酸钾5kg，以后每隔7～10天施1次，用量同第1次。采收前10天直至采收停止施肥水。

图4-40 边窗

图4-41 人工授粉

4. 采收至盛收期管理

第一批瓜采后，每亩施硫酸钾型三元复合肥10kg、硫酸钾5～10kg，并叶面喷0.2%～0.3%磷酸二氢钾液1～2次，每亩用量60～70kg。幼瓜鸡蛋大时施膨瓜肥，每隔7～10天施1次，每亩施硫酸钾型三元复合肥10kg、硫酸钾5kg。气温高、干热，适当浇水。每采1次瓜后施1次肥，然后再坐瓜。随着采收批次的增加，嫁接西瓜长势比自根西瓜显弱，坐瓜数也应减少。并嫁接西瓜耐热性不及自根西瓜，夏季植株以养藤蔓为主，少坐瓜，同时要采取降温措施，在大棚中间处开边窗、棚膜上覆盖遮阳网或涂抹泥浆、喷涂料等（图4-42，图4-43），控制棚温35℃以下。

图4-42　涂抹泥浆

图4-43　喷涂料

第五节

小型西瓜设施栽培技术

一、品种

选择小芳、早春红玉、拿比特等红肉品种和特小凤等黄肉品种。

二、种植方式

爬地栽培、立架栽培、网架栽培。

三、育苗

详见第四章第三节。

四、爬地栽培

（一）定植前准备

选土层深厚，与瓜类作物轮作5年以上，排灌条件良好的田块。冬前翻耕冻垡，改良土壤、防病虫害。种植前结合整地施基肥。4～4.5m棚作2个高畦，5.5～6.0m宽棚作3个高畦。定植前10天搭好棚，定植前7天每条瓜畦铺设简易滴管1～2根，然后覆盖地膜。定植前1天苗床灌水。

（二）定植

根据气候及苗情提前或推后定植，一般在2月下旬至3月上旬，瓜苗3～4片真叶时定植。定植时要求棚内10cm深土壤温度稳定在15℃以上。早春气温变化大，宜选冷尾暖头晴天栽植。划片分级栽植，取苗和栽植过程不损伤根系，栽植穴应深、松。每亩栽400～450株，行距2m，株距75～80cm。栽后压实，覆细土，视畦内水分适当浇定根水。定根水可用0.15%～0.2%三元复合肥，加70%敌磺钠（敌克松）可湿性粉剂500倍的杀菌剂配制而成。栽后搭小棚、盖膜，夜间加盖草帘保温防寒。

（三）田间管理

多层覆膜减弱了棚内光照，不利棚温升高，增加了管理上的困难，故苗期管理应兼顾保温与增光两者之间的关系。

1. 缓苗期管理

白天30℃，夜间15℃，不低于10℃，土温15℃以上。夜间多层覆膜，日出后除大棚膜外，由外而内逐层揭膜，午后由内向外逐层覆盖。幼苗成活后，白天温度保持在22～25℃，超过30℃开始通风、排湿，增强光照。午后盖膜时间以最内层小拱棚内气温10℃为准，温度高晚盖，反之早盖，阴雨天提前覆盖，夜间维持棚温12℃以上，10cm土温15℃。

2. 伸蔓期管理

营养生长期温度可适当降低，白天维持在25～28℃，夜间维持在15℃以上，随着外界温度的升高和瓜苗生长，不需多层覆盖，应由内而外逐步揭膜。当夜间大棚温度稳定在15℃以上时（定植后约30天），可揭除大棚内所有覆盖物。

小西瓜适合多蔓多果栽培，以轻整枝为原则，一般采用三蔓或四蔓整枝。方法一是保留主蔓，选留2个或3个子蔓构成；方法二是不保留主蔓，在四叶期摘心，选留3个或4个生长一致的子蔓构成。前者主蔓结果早，较早熟，但果形大小不一；后者则生长一致，结果同时，果形一致。整枝应及时、分次，除弱、留生长一致的瓜蔓。3个蔓或4个蔓向畦四角延伸，均匀分布，以争取空间。

3. 结果期管理

开花结果期需要较高的温度，白天维持在30～32℃，夜间温度相应提高，以利于花器发育，促进果实膨大。

雌花开放时低温、弱光或植株长势过旺时，应采取人工辅助授粉。有些品种前期雄花发育不全，影响授粉结果，可借用普通西瓜品种的花粉。人工授粉后做好标志，标注时间，以便推算采收期。

第一批瓜主、子蔓以第2和第3雌花为宜，有利结大果。计划留果，摘除畸形果。第一批瓜每株留2～3个瓜，每株留2个瓜则果形大（1.5kg以上），留3个或4个瓜则果形较小。

第二批瓜及以后，选择在幼瓜以前有8～10节完整绿叶的节位上留瓜较好，或者是重发蔓的12～15节位为宜。根据长势，第二批瓜每株留2～3个瓜，将亩产量控制在1500～2000kg，第三、四批瓜亩产量控制在750～1000kg，第五批瓜可适当多留瓜，亩产量1000～1200kg。以后如管理得当，还可以连续坐果结瓜，一直延续到10月底到11月中旬，最多的可以采收6～7批次瓜，亩产量超过6000kg，最高可达8000kg。

每批瓜采收后要及时整枝疏蔓，加强肥水管理，严格调控好瓜蔓的营养状况，确保采收完这批瓜之后仍能保持良好的长势。

（四）施肥灌水

1. 基肥

每667m² 用有机肥1000kg或充分发酵菜籽饼50～75kg，硫酸钾型三元复合肥30kg、过磷酸钙25kg、硫酸钾15kg撒施在田板上，用拖拉机耕翻。

2. 追肥水

第一批瓜采收前原则上不施肥、不浇水。若表现缺水，于膨瓜前适当补充水分。第一批瓜多数采收后，第二批瓜开始膨大时追肥，以速效氮、钾为主，每亩施硫酸钾型三元复合肥20kg、硫酸钾20kg。第二批瓜采收后每亩施硫酸钾型三元复合肥、硫酸钾各20kg，浇水次数及量适当增加。并结合防病虫用0.1%尿素、0.2%磷酸二氢钾喷布，补充植株营养，防止早衰。

（五）采收

按瓜龄采收，第一批瓜（4月授粉）要35天左右，第二批瓜（5月中旬前授粉）需要30天左右，第三批瓜（5月中旬以后授粉）需要22～25天。果皮色泽由深转浅，果表光滑、条纹处略显突出，果柄外细里粗即可采收。采收要在上午露水后或下午进行。采后分级、包装、装箱后供应。

小芳爬地栽培见图4-44。

五、立架栽培

（一）基肥

西瓜立架栽培，种植密度较大，产量较高，要求施足基肥，以腐熟的畜禽粪、饼肥为好。前茬地

图4-44　小芳爬地栽培

深翻、开沟，亩施腐熟猪粪3000kg以上，再增施硫酸钾型三元复合肥20kg。

（二）定植

单行种植行距1～1.2m，株距60cm左右，亩栽1200株左右。双行种植行距2.5m左右，株距0.5m左右，三角形定植，亩栽1500株左右。春季苗龄40～45天，三叶一心即可定植。早春气温低，宜选冷尾暖头的晴天上午10时至下午3时定植，种植后及时搭建小拱棚覆膜保温。秋季苗龄15～20天，二叶一心即可定植。宜在下午进行，并加盖遮阳网降温。移栽前1天秧苗营养钵浇透水，带药带肥，秧苗栽种深度与营养土高度相同，栽后浇定根肥水。

（三）整枝

采用双蔓整枝，选留好主蔓，定好1条侧蔓，其余侧蔓摘除。

（四）上架及绑蔓

选留好主侧蔓后即可立架，用塑料绳或铅丝作为立架材料。主蔓长到50cm左右时，开始用塑料绳或布带绑第一道蔓，先将瓜蔓向一侧进行盘条后再上架，以后每隔5片叶引蔓1次，一般每根茎蔓绑4～5道。注意不可绑得太紧，但要绑牢。为了压缩蔓的高度，绑蔓时可将蔓按"S"形上引。

（五）留果

主蔓上选留第二及以后雌花授粉坐瓜，先留2个瓜，待瓜长到鸡蛋大小时，选留1个果形正的瓜，其余摘掉，坐瓜节位上第10叶摘心打顶。主蔓上瓜成型后，在侧蔓上授粉坐瓜。为了提高坐瓜率，在雌花开放时，应进行人工辅助授粉。特别是在早春保护地种植，气温低、光照弱、昆虫少的情况下，更应进行人工辅助授粉。如果连续阴雨、花粉量少时，可使用适宜浓度的坐果灵，同时进行人工授粉，利于果实膨大，但坐果

设施西瓜高效栽培技术图解（第二版）

灵浓度不宜过大，以免形成畸形、裂瓜等。

（六）吊瓜

当幼果长到拳头大小时，应及时吊瓜。一般在塑料网套上吊瓜，或用塑料绳系在瓜柄处，固定在棚内的铅丝或塑料绳上。

（七）田间管理

生长期内，白天温度保持在25～30℃，夜间15～18℃。坐瓜前要控制肥水，防止植株徒长，果实膨大期间要追肥，待瓜长至鸡蛋大小时，每亩追施硫酸钾型三元复合肥10kg，并叶面喷施0.2%磷酸二氢钾，每隔7天1次。采收前10天停止追肥。浇水视墒情而定，为了保证西瓜品质和储运，一般在采瓜前10天停止浇水。

（八）采收

小型西瓜开花到成熟需要25～28天。下午3～4时后采摘为宜。采后要套上泡沫网袋，装箱运输。

小芳立架栽培见图4-45。

图4-45　小芳立架栽培

六、网架栽培

西瓜网架栽培是在大棚内用钢管和尼龙网搭起网架，再通过人工牵引，让西瓜藤蔓顺着网架攀爬生长，等到结果时，西瓜一只只吊在空中。网架栽培可减少整枝等用工，改善西瓜通风透光条件，减轻病虫害发生，西瓜吊在空中，既提高观赏性，又适合观光采摘（图4-46）。

图4-46 网架西瓜

（一）基肥

网架西瓜爬蔓面积大，实生西瓜宜比爬地栽培多施30%肥料，嫁接西瓜宜适当控制氮肥，一般每亩施商品有机肥600kg、硫酸钾型三元复合肥40kg，用开沟机开出上宽40cm、深25cm的施肥沟进行集中沟施，另用硫酸钾型三元复合肥10kg、过磷酸钙25kg畦面撒施，施肥后在靠近棚两边做畦，采用透明或银色地膜覆盖。

（二）定植

特早熟栽培的，大棚要提早覆膜，提高地温，定植时棚内10cm深土壤温度稳定在12℃以上，棚内平均气温稳定在18℃以上、最低气温不低于5℃。选择晴天移栽定植，每畦定植1行，株距40～60cm，每亩栽200～300株。嫁接苗定植深度以嫁接伤口距地面1～2cm为宜。移栽时每株浇掺多菌灵600倍液及0.3%硫酸钾型三元复合肥液的定根水250～500ml。移栽后要注意保温防冻，尤其夜间要做好保温工作，避免幼苗受冻，提高根系活力，减少病害侵入。定植后1周内密闭棚膜不通风，棚内白天温度可保持在25～30℃，夜间不低于15℃（如遇极端低温还需采取覆盖无纺布等保温措施）。定植1周后晴天可逐渐打开小棚，通风换气，增加光照，促进幼苗健壮生长。在晴好天气，上午8～9时开棚，下午2～3时关棚，以后随着气温的回升，关棚时间也应逐渐推迟。如遇连续多天的阴雨低温天气，还需在中午温度较高时揭去覆盖物。早春气温较低，如遇冷空气，及时喷施0.3%磷酸二氢钾等，以增加幼苗对磷的吸收，减少缩头、粗蔓等生理障碍的发生。待幼苗成活后则应及时施好提苗肥，促早发，天气晴好要防止高温烧苗，及时打开大棚两头或摇起边膜通风降温。

采用草莓栽培棚栽培，草莓采收阶段套种网架西瓜，西瓜定植期一般宜推迟到3月上旬至4月上旬，此时因外界温度已上升，栽培管理相对简单，但果实采收期要推迟到6月上旬以后。整个生长期要控制好棚内湿度，保持棚内干燥，减轻病害发生，尤其要严防雨季棚内进水。

（三）田间管理

1. 搭架盖网

爬蔓前在大棚内搭拱形架。根据栽培方式的不同，一般6m大棚可搭宽5.2m、高1.8m的拱形架，钢管拱架间距以2.5m为适，如是小竹片搭架的，间距以1m为宜，为了稳固网架，畦两端的2个竹片须交叉对插，再在拱架的顶上横绑小竹竿。采用草莓棚套种的可直接利用原有的内棚架。但不论采用何种网架，都要求爬蔓架和大棚膜之间至少留有80cm的空间，以利于夏天及时散热，防止高温灼伤叶片。搭架后要盖上网片（网线粗细宜为9股线，网眼大小为10cm左右），或植物攀爬网，以利于爬蔓吊瓜。

2. 整枝绑蔓

网架栽培可简化整枝，除主蔓外，可根据植株长势再留3～5个健壮侧蔓。当蔓伸到50cm左右时引蔓上架，将瓜蔓分别绑扎在竹片或网片上，此后西瓜的卷须可附着在网片上自然向瓜架上攀爬，无需固定，瓜蔓将自行均匀地分布在网架上，而小西瓜则通过网孔悬挂于网架内。由于爬蔓面积大，透风透光好，坐果后可不再整枝。

3. 肥水管理

在坐瓜前根据生长势适量追肥，瓜坐稳后追施1～2次膨瓜肥，每亩追施硫酸钾型三元复合肥10kg、硫酸钾5kg。此外，还宜采用滴灌追施含钙的液体冲施肥，并可结合喷药追施含微量元素的叶面肥。

4. 坐果管理

低节位坐果容易造成厚皮、空心、畸形瓜等次品瓜，一般应选在第10～15节以后、第2雌花坐瓜，早春气温低，需要进行人工授粉，并辅助以氯吡脲（座瓜灵）喷子房促进坐果。5月下旬以后气温升高，可采用放养蜜蜂等辅助授粉措施，以增加坐果率，提高西瓜商品性。坐果后及时做好标记，同时检查幼瓜是否在网片下方，以免幼瓜长在网片上方或卡在网孔内，影响果实发育及采收。

5. 疏果

幼瓜鸡蛋大小时进行疏果，留瓜形较好的瓜，除去畸形瓜，一般每蔓留1瓜。幼瓜250g左右时用果托托瓜，也可用塑料线捆牢西瓜果柄靠近果实部位，另一端绑在网片上，以防掉落。塑料线可选择多种颜色，每3天换一种颜色，以达到标记作用，方便采摘时判断成熟度。

第五章

设施西瓜病虫害
绿色防控技术

绿色防控技术

绿色防控技术在预防和减轻设施西瓜病虫害危害方面发挥了重要作用，越来越得到重视，不仅可以减少成本，而且可以更好保护环境。

一、防控原则

遵循"预防为主，综合防治"的植保方针。加强栽培管理，提高植株抗病虫害能力。根据病虫害发生规律，适时开展化学防治。提倡使用防虫网、粘虫板、性诱剂等措施，繁殖、释放天敌，优先使用生物源和矿物源等高效低毒、低残留农药，严格控制安全间隔期、施药量和施药次数。

二、防控方法

1. 农业调控

在有利于西瓜生长的前提下，通过农田植被的多样性、耕作制度、农业栽培技术以及农田管理的系列技术措施，调节害虫、病原物、寄主及环境条件间的关系，创造有利于西瓜生长的条件，减少害虫的基数和病原物初侵染来源，降低病虫害的发生。

2. 物理防控

通过应用性引诱剂（图5-1）、杀虫灯、黄

图5-1 性引诱剂

板、蓝板（图5-2）等诱杀，防虫网阻隔和银灰膜驱避害虫等理化诱控技术，降低害虫的基数和危害。

图5-2　黄板、蓝板

3. 生物防控

利用生物或生物代谢来控制害虫种群数量的方法。生物防治的特点是对人畜安全，不污染环境，有时对某些害虫可以起到长期抑制的作用，而且天敌资源丰富，使用成本较低，便于利用。生物防治是一项很有发展前途的防治措施，是害虫综合防治的重要组成部分。生物防控主要有以虫治虫、以螨治螨、以菌治虫等。

4. 化学防控

优先选用生物农药和矿物源农药，宜选用水剂、水乳剂、微乳剂和水分散粒剂等环境友好型剂型，在其他防控措施效果不明显时，合理选用高效、低毒、低残留农药，药剂防控要严格掌握施药剂量、施药次数和安全间隔期，提倡交替轮换使用不同作用机理的农药品种，并选择适宜施药器械。

设施西瓜主要病害及防治

一、主要侵染性病害及防治

（一）猝倒病

猝倒病是西瓜苗期的主要病害。在气温低、土壤湿度高时发病严重，各西瓜种植区都有发生。

1.病状

苗期在茎基部近地面处出现水浸状病斑，接着变褐色，干枯，收缩，病苗子叶尚未萎蔫，看上去与健苗无异。幼苗因基部腐烂而猝倒。有时幼苗出土前就感病，使子叶变褐腐烂，造成缺苗。此病发展很快，开始苗床中个别苗发病，几天后蔓延成片猝倒。在高温多湿下，被害幼苗病体表面及附近土表布满一层白色絮状的菌丝体（图5-3）。

2.病原

猝 倒 病［*Pythium aphanider-matum*（Eds.）Fitz.］是由腐霉属中的瓜果腐霉菌侵染引起的。

3.发病规律

病原的腐生性很强，可以在土壤中长期存活，尤其在富含有机质土壤中存在较多，病菌随病株残体遗留在土壤中越冬，或在腐殖质中腐生越冬。土壤温度低、湿度大，

图5-3 猝倒病

有利于病菌的生长与繁殖，当土壤温度在10～15℃时病菌繁殖最快。在长期阴雨、苗床温度低、通风不良、光照不足、湿度大的综合条件下，西瓜猝倒病发生严重。

4. 防治方法

① 营养土育苗。②播种前2～3周，每立方米床土用福尔马林500ml兑水2～4kg浇，覆膜闷4～5天，揭膜后2周待药液挥发后播种。③苗床设在地势较高处，控制苗床浇水，采用覆盖细土、增加通风等措施，降低苗床湿度。④苗床发现病株，及时拔除，防止蔓延，并用64%噁霜灵·锰锌（杀毒矾）可湿性粉剂400～600倍液、58%甲霜灵（雷多米尔）可湿性粉剂400～600倍液、27.12%碱式硫酸铜（铜高尚）悬浮剂500倍液、30%多·福（苗菌敌）可湿性粉剂250倍液、70%甲基硫菌灵（甲基托布津）可湿性粉剂1000倍液喷施，7天后再用1次。⑤大田定植后发病，可用70%敌磺钠（敌克松）可湿性粉剂1000倍液每株250ml浇注根部及周围土壤，以控制病害的发生。

（二）立枯病

该病在低温高湿条件下易发生，通常在春季与猝倒病同时发生，但没有猝倒病严重。

1. 病状

初发病时，在幼苗下胚轴基部出现椭圆形褐色病斑，子叶白天萎蔫，以后病斑逐渐凹陷，发展到绕茎1周时，病部缢缩干枯，整株枯死，不倒伏，呈立枯状，以此与猝倒病相区别。

2. 病原

病原为立枯丝核菌。有性阶段为丝核薄膜革菌 [*Pellicularia filamentosa*（Pat）Rogers]，无性世代为 *Rhizoctonia solani* Kuhn。

3. 防治方法

参考猝倒病。

（三）根腐病

该病是近几年西瓜设施栽培上新出现的一种病害，呈发展态势，不仅发病早、普遍，发生速度快，而且防治较为困难，对西瓜生产造成了较大的危害，已成为西瓜主产区的主要病害之一。该病在低温、高湿条件下易发生，连作地、黏土地、盐碱地、低洼地发病重。

1. 病状

西瓜根腐病主要为害西瓜根和茎基部，很少为害茎蔓。西瓜播种后有的未出土即在土中烂种烂芽。出土后瓜苗在子叶期出现地上部萎蔫，拔出病根可见根尖呈黄色或黄褐色腐烂（图5-4，图5-5），严重时蔓延至全根，致地上部枯死。移栽后，植株发病，初呈水渍状，后呈浅褐至深褐色腐烂，病部不缢缩，其维管束变褐色，但不向上扩展，可与枯萎病相区别，后期病部组织破碎，仅留丝状维管束。受害茎蔓初期蔓尖微卷上翘，生长缓慢，最后全株叶片中午萎蔫，早晚恢复，逐渐枯死。

图5-4 根腐病植株表现　　图5-5 根腐病

2. 病原

由瓜类腐皮镰孢菌 [*Fusarium solani*（mart.）App.et Wollenw.f.*cucurbitae* snyder et Hansen] 侵染所致。

3. 发病规律

病菌以菌丝体、厚垣孢子或菌核在土壤中或病残体上越冬。其厚垣孢子在土中可存活5年以上，成为翌年主要初侵染源。病菌从根部伤口侵入，后在病部产生分生孢子，借雨水或灌溉水传播蔓延，进行再侵染。低温、高温有利发病。连作地、黏土地、盐碱地、低洼地发病重；晴天、少雨，病害发展慢，为害轻；阴雨天或浇水后，病害发展快，为害重；根结线虫为害重的瓜田，根腐病为害亦较重。设施西瓜2～3月为根腐病的始发期，3月中下旬至4月中下旬为发病盛期，发病率10%以上，甚至高达94.4%。

4. 防治方法

①高畦栽培：选择地势高燥田块，采取高畦栽培，畦面高25cm以上，四周边沟深至50cm以下。②土壤消毒处理：移栽前用50%多菌灵可湿性粉剂或70%代森锰锌可湿性粉剂等药剂喷雾。③合理肥水管理：在施足有机肥的前提下，适当喷施叶面肥和微量元素肥，有效提高植株抗病力和减少根腐病的发生。④对症下药，及时防治：发病初期，用50%甲基硫菌灵（甲基托布津）可湿性粉剂600倍液，或50%多菌灵可湿性粉剂500倍液，或77%氢氧化铜（可杀得）可湿性粉剂500倍液喷雾，均有良好的防治效果。发病严重时，用50%异菌脲（扑海因）可湿性粉剂1000倍液和70%代森锰锌可湿性粉剂1000倍液混合灌根，每7天灌根1次，连续3次。

（四）枯萎病

又称蔓割病，是瓜类作物的主要病害之一，全国各地均有发生。该病在西瓜苗期至结果期均有发生，但以结果始期为盛发期。到目前为止，尚无理想的农药防治方法。

1. 病状

苗期发病，苗顶端呈失水状，子叶萎垂，茎基部收缩，褐变，猝倒。成株发病，植株生长缓慢，下部叶片发黄，逐步向上发展。发病初期，白天萎蔫，早晚恢复，数天后全株凋萎枯死。检查病蔓基部，可见表皮纵裂，有树脂样胶状物溢出（图5-6，图5-7），有时纵裂处腐烂，致使皮层剥离，随后木质部碎裂，因而很易拔起。湿润时，病部表面出现粉红

图5-6 枯萎病1 　　　　　　　　　　　图5-7 枯萎病2

色霉状物。发病初期，切断病蔓基部检查，可见维管束褐变阻塞，妨碍水分上升，从而引起茎叶凋萎。

2. 病原

由镰刀孢属中的西瓜尖镰孢菌［*Fusarium oxysporum* f.sp niveum（E.F. Smith）Snyder et Hansen］侵染所致。

3. 发病规律

病菌在土壤中越冬。在离开寄主的情况下，可存活近10年，附着在种子表面的病菌，有时也能越冬。病菌经过家畜的消化道，仍能保持生活力，因此，厩肥也可带菌。病菌通过根部的伤口或根毛的顶端入侵，先在寄主的细胞间隙繁殖，后从中柱深入木质部，再向地上部扩展。该病潜育期的长短与入侵的部位有关，由根部入侵，发病较快，而由地上部入侵，发病较慢。影响发病的因素主要是温度和湿度，在8～34℃下可发病，以24～32℃为侵染的最适温度，苗期则在16～18℃时发生最多，雨后有利于传播，因而在久雨遇旱或时雨时旱的气候条件下发病较多。偏施氮肥引起徒长时，更易发病。施用新鲜厩肥，由于带菌及发酵灼伤根部，有利于发病。pH值为4.5～6的土壤，有利于发病。

4. 防治方法

①严格实行长期轮作，要求旱地轮作7～8年，水田轮作5年。深沟排水，增施腐熟厩肥、磷、钾肥，控制氮肥。②选用抗病品种和无

病种子，对带菌种子可用40%甲醛100倍液浸种1h，或用2%～4%的漂白粉液浸种0.5～1h，洗净后播种，或用55℃温汤浸种30min。③利用瓜类枯萎病有明显的寄生专化型特性，采用葫芦、南瓜做砧木嫁接栽培。④土壤消毒。在播种或栽植前，用50%多菌灵可湿性粉剂，或70%甲基硫菌灵（甲基托布津）可湿性粉剂，或70%敌磺钠（敌克松）可湿性粉剂1份，加干细土100份配成毒土撒施，或施在种植穴内。每亩用药1.25kg。⑤药剂防治。在发病初期用40%拌种灵·福美双（拌种双）可湿性粉剂500倍液、70%敌磺钠（敌克松）可湿性粉剂600～800倍液灌根，每株灌250～500ml，每7～10天灌1次，连续灌3～4次。

（五）疫病

疫病是西瓜重要病害之一。高温多雨时易发病，尤其是大雨或暴雨后，排水不良的田块发生严重。

1. 病状

疫病可以侵害西瓜的幼苗、叶、茎及果实。苗期发病，先在子叶上出现呈圆形的水浸状暗绿色病斑，病斑中央渐变成红褐色，基部近地面处明显缢缩，直至倒伏枯死。叶片发病，初现暗绿色水浸状圆形或不规则小斑点，后迅速扩大。湿度大时，软腐似经水煮，干时呈淡褐色，易干枯破碎。茎部受侵害后呈现纺锤状凹陷的暗绿色水浸状病斑，病部以上全部枯死（图5-8）。果实上呈现圆形凹陷暗绿色水浸状病斑，很快发展至整个果面，果实软腐，表面密生棉絮状白色菌丝。

图5-8 疫病

2. 病原

由疫病属中的德雷疫霉菌（*Phytophthora drechsleri* Tucker）侵染引起。

3. 发病规律

病原菌是藻状菌，以卵孢子在土壤中、病株残体上越冬。翌年条件适宜时，病菌借风吹、雨溅、水淋传播。发病适宜温度为28～32℃，最高为37℃，最低为8℃。在排水不畅、通风不良的田块上发病尤重。长期阴雨，发病严重。

4. 防治方法

①实行3年以上轮作，杜绝土壤中残留的病原菌。②选择地势高、排水良好的田块种植。做短畦，挖深沟，加强排水。一旦发病，应立即停止浇水。③前期促进根系的生长，及时整枝，防止生长过密而导致通风不良。④药剂防治必须在发病前进行，药剂可选用10%苯醚甲环唑（世高）水分散粒剂1500倍液、64%噁霜灵·锰锌（杀毒矾）可湿性粉剂500倍液、72%霜脲·锰锌（克露）可湿性粉剂600倍液、58%甲霜灵（雷多米尔）可湿性粉剂500倍液、42.8%氟菌·肟菌酯悬浮剂（露娜森）3000倍液、18.7%烯酰·吡唑酯（凯特）水分散剂1200倍液、68.75%氟菌·霜霉威（银法利）悬浮剂1000～1500倍液、40%乙磷铝可湿性粉剂200～300倍液。每7天喷药1次，连续喷药2～4次。必要时还可用上述杀菌剂灌根，每株灌药液250ml。喷雾与灌根同时进行，防效明显提高。

（六）蔓枯病

蔓枯病又称黑腐病、褐斑病，是西瓜的常见病。全国西瓜产区均有发生。在多雨天气，植株生长茂密，生长中后期发生普遍。近年来，该病有发展态势。

1. 病状

叶片受害时，最初出现褐色小斑点，后逐渐发展成直径1～2cm的病斑，近圆形或不规则圆形，其上有不明显的同心轮纹。多发生在叶缘。老病斑有小黑点，干枯后呈星状破裂。茎受害时，最初产生水浸状病斑，中央变为褐色枯死，以后褐色部分呈星状干裂，内部木栓状干腐。蔓枯病症状与炭疽病症状相似，其区别在于病斑上不出现粉红色的黏稠物，而是出现黑色小点状物（图5-9）。该病与枯萎病不同的是病势发展较慢，常有部分基部叶片枯死而全株不枯死，维管束不变色。

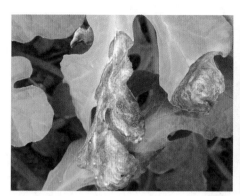

图5-9 蔓枯病

2. 病原

是由甜瓜球腔菌［*mycosphaerella melonis*（Pass.）Chiu.et Walker.］侵染所致，无性世代为黄瓜壳二孢菌［*Ascochyta citrullina*（Chester）Smith］。

3. 发病规律

以分生孢子及子囊壳在病体、土壤中越冬，种子表面亦可带菌。翌年气候条件适宜时，散出孢子，经风吹、雨溅传播危害。病菌主要通过伤口、气孔侵入内部。病菌在温度6～35℃范围内都可侵入进行危害，发病的最适温度为20～30℃。在55℃条件下10min死亡。高温多湿、通风不良的田块，容易发病。pH值为3.4～9时均可发病，但以pH值为5.7～6.4时最易发病。缺肥、长势弱有利于发病。

4. 防治方法

①选用无病的种子，播种前进行种子消毒，用50%福美双可湿性粉剂500倍液浸种5h。②加强培育管理，合理施肥，重施农家肥，控制氮肥，增施磷、钾肥；加强排水，注意通风透光，增强植株的生长势；扒土晒根颈部，可控制病情。③及时清除、烧毁病株残体。④药剂防治。要做到早用药，及时用药，出现发病中心时抓好雨前、雨后间隙用药。

通常用70%甲基硫菌灵（甲基托布津）可湿性粉剂500倍液、43%戊唑醇（好力克）悬浮剂5000倍液、80%代森锰锌（大生）可湿性粉剂500倍液、10%苯醚甲环唑（世高）水分散粒剂1500倍液、32.5%苯甲·嘧菌酯（阿米妙收）悬浮剂1500倍液、42.8%氟菌·肟菌酯（露娜森）悬浮剂2000倍液、10%苯醚甲环唑（世高）水分散粒剂1500倍液混合喷施。每隔7天喷1次，一般喷3～4次。用70%敌磺钠（敌克松）可湿性粉剂500倍液，或70%甲基硫菌灵（甲基托布津）可湿性粉剂500倍液，或40%福尔马林100倍液涂抹病部，可收到良好效果。

（七）炭疽病

炭疽病（图5-10）是西瓜常见的病害之一。在南方多雨地区，该病是影响西瓜高产的主要病害，多在生长中后期发生，造成果实腐烂。该病还是收获后储藏运输中的主要病害。

图5-10 炭疽病

1. 病状

茎、叶、果实均发病。叶片初现淡黄色斑点，呈水浸状，以后扩大成圆形病斑，褐色；外晕为淡黄色，干燥后呈褐色凹斑。蔓和叶柄受害时，初为近圆形水浸状的黄褐色斑点，后成长圆形的褐色凹斑。在未成熟的果实上，病斑初呈水浸状，淡绿色，圆形。在成熟果实上，病斑初稍突起，扩大后变褐色，显著凹陷，果面上有许多黑色小点，呈环状排列，潮湿时其上溢出粉红色黏性物。幼果染病后多成畸形。

2. 病原

是由刺盘孢属的葫芦科刺盘孢菌［*Colletotrichum lagenarium*（Pass.）Ell et Halst.］侵染而引起。

3. 发病规律

病菌主要附于寄主的残体上在土壤中越冬，种子也能带菌。病菌依靠雨水或灌溉水的冲溅传病，故近地面的叶片首先发病。湿度大是诱发该病的主要因素。在持续87%～95%的相对湿度下，其潜育期为3天。湿度愈低，潜育期愈长，发病较慢。在10～30℃下均能发病，通常在相对湿度95%、温度为24℃时发病最烈。

4. 防治方法

①健株果实的种子留种。如种子有带病菌嫌疑，可用福尔马林100倍液浸种30min，清洗后播种。或用硫酸链霉素100～150倍液浸种10min，效果很好。②农业防治。实行轮作；清除病残株，冬季深翻耕；合理施肥，增施磷、钾肥，提高植株的抗病能力；深沟排水，降低地下水位和田间湿度；采用微灌技术。③药剂防治。根据发病规律，每隔1周喷药1次。选用40%拌种灵·福美双（拌种双）超微粉500倍液、80%代森锰锌（大生）可湿性粉剂500倍液、75%百菌清可湿性粉剂600倍液、58%甲霜灵（瑞毒霉）可湿性粉剂500倍液、10%苯醚甲环唑（世高）水分散粒剂1500倍液、32.5%苯甲·嘧菌酯（阿米妙收）悬浮剂1500倍液、25%吡唑醚菌脂（凯润）乳油2000倍液、64%噁霜灵·锰锌（杀毒矾）可湿性粉剂500倍液、70%代森锰锌可湿性粉剂600倍液。

（八）叶枯病

西瓜叶枯病在生长中后期发生，常造成叶片大量枯死，严重影响产量。近年来，该病有发展趋势，全国西瓜产区均有发生。

1. 病状

发病初期，叶上长出褐色小斑点，周围有黄色晕。开始多在叶脉之间或叶缘发生，病斑近圆形，直径0.1～0.5cm，有微轮纹，病斑很快合成大片状，叶片枯死。多雨时，该病发展很快，果实膨大期的瓜叶变黑焦枯，严重影响西瓜的产量和质量。该病与枯萎病不同之处是：瓜蔓不枯萎，仅瓜叶枯死。

2. 病原

由链格孢属真菌 [*Altemaria cucumerina*（Ell.et Ev.）Elliott.］侵染引起。

3. 发病规律

病菌以菌丝体或分生孢子在土壤中或病株残体、种子上越冬，成为第2年初侵染的来源。分生孢子借气流传播，形成再侵染，病害很快传播蔓延。病菌在10～35℃都能生长发育，多发生在西瓜生长中期，西瓜膨大期如遇连阴天气，病害最易发生，可使大片瓜田叶片枯死，严重影响产量。

4. 防治方法

①西瓜收获后及时翻晒土地，清洁田园，减少菌源。②用55℃温水浸种15min。③在发病初期或降雨前进行喷药防治，75%百菌清可湿性粉剂500～600倍液，或70%代森锰锌可湿性粉剂400～500倍液，隔5～6天1次，连喷2～3次。

（九）白粉病

西瓜白粉病多发生在西瓜生长的中后期，发生后迅速蔓延。湿度大、温度高时更易发生。

1. 病状

白粉病（图5-11）发生在西瓜茎、叶和花蕾上，以叶片受害最重，果实一般不受害。初期叶片正、背面及叶柄发生白色圆形的小粉斑，以叶片的正面居多，逐渐扩展，成为边缘不明显的大片白粉区，严重时叶片枯黄，生长停止。以后白色粉状物逐渐转为灰白色，进而变成黄褐色，叶片枯黄变脆，一般不脱落。

图 5-11　白粉病

2. 病原

由单丝壳属中的单丝壳菌 ［*Sphaerotheca fuliginea*（Schlecht.）Poll.］侵染引起。

3. 发病规律

西瓜白粉病由子囊菌侵入引起。病菌附在病株残体上遗留土中越冬，也可在温室活体上越冬。病菌主要由空气和流水传播。分生孢子在10 ～ 30℃下发芽，温度以20 ～ 25℃最适宜。田间湿度大，温度在16 ～ 24℃时，容易流行。植株徒长，枝叶过多和通风不良时，有利于该病的发生。

4. 防治方法

①加强田间管理，如及时整枝理蔓，不偏施氮肥，增施磷、钾肥，促进植株健壮。注意田园清洁，及时摘除病叶，减少重复传播蔓延的机会。②利用瓜类白粉病菌对硫制剂敏感的特点，在定植前3 ～ 4天用硫黄熏蒸消毒大棚。其具体做法是每1000米^{3}容积用硫黄粉6.75kg、锯末13.5kg，分装于数个花盆内，分置数处，在密闭条件下点燃锯末熏蒸1昼夜。室温在20℃可取得良好防治效果，室温30℃或硫黄浓度过高时易发生药害。③药剂防治。防治西瓜白粉病的药剂较多，如多菌灵、百菌清等，兼有保护和治疗作用，药效期长，防效高，但连续使用病菌易产生抗药性，因此宜交替使用。常用的药剂及浓度为42.8%氟菌·肟菌酯（露娜森）悬浮剂2000倍液，43%戊唑醇（好力克）悬浮剂5000倍液，80%硫黄（成标）干悬浮剂800倍液，15%三唑酮（粉锈宁）可湿性

粉剂3000倍液，50%硫黄悬浮剂300倍液，1%多抗霉素（多氧清）水剂300～400倍液，40%氟硅唑（福星）乳油8000～10000倍液，50%多菌灵可湿性粉剂500倍液，70%甲基硫菌灵（甲基托布津）可湿性粉剂1000倍液，75%百菌清可湿性粉剂800倍液，99%矿物油（绿颖）乳油300倍液，每隔7～10天施用1次，连续喷2～3次。

（十）霜霉病

霜霉病除危害西瓜外，也危害甜瓜，设施栽培易发病。

1. 病状

霜霉病主要危害叶片，全生育期均可发病。子叶发病表现褪绿、黄化，形成不规则的枯黄病斑，最后子叶枯死。真叶发病先从下部叶片开始，沿叶片边缘出现许多水渍状小斑点，淡绿，并很快发展成黄色的大病斑，病斑呈多角形。在潮湿条件下，病部背面形成紫褐色或黑褐色的不规则病斑，表面有黑色霉层，被称为"黑毛"（图5-12）。该病发生严重时，植株自下而上干枯、死亡。

图5-12 霜霉病

2. 病原

是由瓜类霜霉菌 [*Pseudoper onospora* cubensis（Berk et Curt.）Rostov.] 侵染引起。

3. 发病规律

霜霉病是一种靠空气传播的真菌病害。病菌属藻状菌纲，以卵孢子在土壤中越冬或在活寄主上寄生，从叶片表皮直接侵入危害，引起病害流行。气温16～20℃时，叶面结露或有水膜，是霜霉病菌侵染的必要条件。气温20～26℃，空气相对湿度在85%以上，是霜霉病菌繁衍的最适宜条件。因此，气候忽冷忽热、空气潮湿、昼夜温差大，容易发病。

4.防治方法

①加强栽培管理。增施磷、钾肥，生育前期少灌水，避免阴雨天浇水；适时通风排湿，降低空气湿度，减少发病机会。②发现霜霉病中心病株后，及时喷药防治。可用25%甲霜灵（瑞毒霉）可湿性粉剂800倍液，75%百菌清可湿性粉剂600倍液，40%乙磷铝可湿性粉剂300倍液，70%代森锰锌可湿性粉剂500倍液，每隔7～10天喷药1次。③密闭大棚，用45%百菌清烟剂熏2～3h。

（十一）菌核病

苗期至成株均可被侵染。近年来，西瓜菌核病（图5-13）有发展的趋势。

1.病状

主要危害瓜蔓和果实。瓜蔓染病初始，在主侧枝或茎部产生水浸状褐斑。在高湿条件下，病茎软腐，长出白色棉毛状菌丝，菌丝密集形成黑色鼠粪状菌核。病茎髓部

图5-13 菌核病

遭破坏，腐烂中空或纵裂干枯。植株不萎蔫，病部以上叶、蔓凋萎枯死。果实染病多在收花部，先呈水浸状腐烂，并长出白色菌丝，后逐渐扩大呈淡褐色，菌丝密集成黑色菌核。

2.病原

是由核盘菌属菌核病菌［*Sclerotinia sclerotiorum*（Lib.）de Bary.］侵染引起。

3. 发病规律

以菌核在土壤中或种子间越冬或越夏。菌核遇雨或浇水即萌发，产生子囊盘和子囊孢子，子囊孢子成熟后，稍受振动即行喷出，经风、雨、流水传播危害。先侵染老叶和花瓣，然后侵染健叶和茎部。发病适温20℃左右，相对湿度85%以上。多雨天气、排水不畅、通风不良的田块发病重。

4. 防治方法

①及时清除病叶、黄叶、老叶，改善田间通风透光条件，降低棚内湿度。②合理施肥，增施磷、钾肥，防止植株徒长和增强抗病力。③生长前期少浇水，阴雨天要避免浇水。④刚发现中心病株时，及时用50%异菌脲（扑海因）悬浮剂1000～1500倍液、50%腐霉利（速克灵）可湿性粉剂1000倍液、70%甲基硫菌灵（甲基托布津）可湿性粉剂1000倍液喷雾。

（十二）病毒病

西瓜病毒病，又称毒素病，是西瓜普遍发生的病害。近年来，西瓜病毒病有发展的趋势。发病严重的年份，造成西瓜大幅度减产。

1. 病状

西瓜病毒病的主要症状表现为花叶型和蕨叶型。花叶型呈现黄绿相间的花叶，叶形不整，叶面凹凸不平，严重时病蔓细长瘦弱，节间短缩，花器发育不良，果实畸形。蕨叶型心叶黄化，叶型变小，叶缘反卷，皱缩扭曲，病叶叶肉缺损，仅沿主脉残存，呈蕨叶状（图5-14）。

2. 病原

西瓜病毒病的病原较多，有甜瓜花叶病毒（MMV）、西瓜花叶病毒（WMV）和烟草花叶病毒（TMV）。

3. 发病规律

病原为西瓜花叶病毒。病原的致死温度为50～60℃，体外存活期为

图5-14 病毒病

5～6天。由蚜虫（瓜蚜、桃蚜）或接触传播。带毒昆虫在荠菜等野生植物上潜伏越冬，第2年通过蚜虫传到西瓜植株上引起发病；田间操作如整枝、理蔓等也是传病的主要途径。高温、干旱均有利于病害的发生。缺肥、生长衰弱的植株易感病。干旱、田间蚜虫盛发时，病毒病发生加剧。

4. 防治方法

①种子处理。用10%磷酸三钠浸种20min，可使种子表面携带的病毒失去活力，达到防病的目的。②加强肥水管理。施足基肥，苗期轻施氮肥，增施磷、钾肥。③清除杂草和病株，减少毒源。在整枝、理蔓时，健株和病株应分别进行，以防止接触传播。④及时防治蚜虫，尤其在蚜虫迁飞前要连续防治。⑤药剂防治。用2%宁南霉素（菌克毒克）水剂300倍液、5%菌毒清水剂200～300倍液、20%盐酸吗啉胍·乙酸铜（病毒A）可湿性粉剂500倍液、生物农药0.5%菇类蛋白多糖水剂（抗毒丰）300～400倍液喷雾。

（十三）黄瓜绿斑驳花叶病毒病

黄瓜绿斑驳花叶病毒病是西瓜发生的一种新病害，浙江省2011年首次确诊。该病具有高致病性、传播速度快、难以防治等特点。因其致病的特殊性，对西瓜生产构成了严重威胁。

1. 病状

染病植株叶片出现斑驳（图5-15），是黄瓜绿斑驳花叶病毒病区别于其他常见瓜类病毒病的显著特征。早期受侵染的西瓜植株生长缓慢，出现不规则的褐色或淡黄色花叶，继而绿色部位突出表面，叶面凹凸不平，叶缘上卷，叶片略微变细，其后出现浓绿凹凸斑，病蔓生长停滞并萎蔫，症状随叶片老化减轻；为害严重时，呈黄绿色花叶症状，叶面凹凸不平，叶片明显硬化；重症植株整株黄变，易于分辨。

染病西瓜果实、果梗常出现褐色坏死条纹，果实表面有不明显的浓绿圆斑，有时长出不太明显的深绿色瘤疱。与健果相比，病果有弹性，拍击时，声音发钝。果肉周边接近果皮部呈黄色水渍状，内出现块状黄色纤维，果肉纤维化，种子周围的果肉变紫红色或暗红色水渍状，成熟时变为暗褐色并出现空洞，呈丝瓜瓤状，俗称"血果肉"，严重时，变色部位软化溶解，呈脱落状，味苦不能食用，丧失经济价值（图5-16）。

 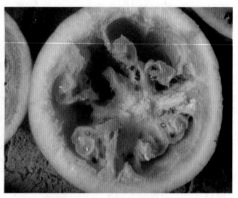

图5-15 黄瓜绿斑驳花叶病毒病　　　　图5-16 黄瓜绿斑驳花叶病毒病病果

2. 病原

黄瓜绿斑驳花叶病毒病属烟草花叶病毒属，是正单链RNA病毒，病毒粒体为杆状，粒子大小300nm×18nm，超薄切片观察，细胞中病毒粒子排列成结晶形内含体，钝化温度80～90℃，10min，稀释限点10^{-7}～10^{-6}，体外保毒期为240天以上（20℃），是一种很稳定的病毒。

3. 发病规律

黄瓜绿斑驳花叶病毒病以种传和接触性传染为主要途径。另外，嫁接、田间作业也容易造成接触侵染。可以随种子或流水远距离传播，随农事操作在田间传播，病毒在种子或土壤内都可存活1年以上。

带病毒种子是病害发生的主导因素，高湿、雨后暴晴的气候条件是病害发生的首要诱因。

4. 防治方法

①加强种子、种苗的调运检疫工作，切断黄瓜绿斑驳花叶病毒远距离人为传播渠道。对调入的西瓜种子、种苗进行严格检查和复检，对无植物检疫证书调运的行为依法处理。②种子萌芽出苗后，发现花叶斑驳或畸形病株，立即拔除，集中销毁，不能随便乱放丢弃。无论是砧木或接穗，都要选择无斑驳花叶的健株，嫁接时要注意消毒，避免接触传染。③加强田间管理，增施肥料，增强抵抗力，促进植株生长，尽量减轻损失。④发病初期喷洒5%菌毒清可湿性粉剂300倍液、7.5%菌毒·吗啉胍（苗毒清）水剂700～800倍液、20%盐酸吗啉胍·乙酸铜（病毒A）可湿性粉剂500倍液、NS-83耐病毒诱导剂100倍液。或植物病毒钝化剂912，每亩75g加1kg开水浸泡12h，充分搅匀，晾凉后加清水15kg喷洒。此外，喷洒98%硫酸锌1500倍液也有一定的效果。

（十四）根结线虫病

西瓜根结线虫病是由根结线虫侵染寄主引起的，可使西瓜根部变形膨大，长出许多呈节结状的瘤状物，严重影响西瓜产量和质量。近年来，该病在西瓜产区有扩大发展趋势。

1. 病状

主要发生在根部（图5-17），侧根、须根较易受害。发病后，侧根或须根上产生瘤状根结，大小不等。解剖根结，病部组织有很小的乳白色线虫埋于其内，在根结上又可生出细弱新根，再度侵染后，形

图5-17 根结线虫病

成根结状肿瘤，呈串球状或鸡爪状。轻病株地上部分症状不明显，重病株地上部表现较矮小，生育不良，瓜蔓黄瘦而不生长，坐不住瓜或瓜长不大，遇有干旱则中午萎蔫。对西瓜产量和质量都有很大的影响。子叶期的瓜苗若受侵染，常可导致幼苗死亡。

2. 病原

根结线虫（*Meloidogyne* spp.），成虫雌雄异形。幼虫呈细长蠕虫状。雄成虫线状，尾端稍圆，无色透明，大小为（1～1.5）mm×（0.03～0.04）mm。雌成虫梨形，每头雌线虫可产卵300～800粒，雌虫多埋藏于寄主组织内，大小为（0.44～1.59）mm×（0.26～0.81）mm。

3. 发病规律

根结线虫主要在土壤中生存，常以2龄幼虫或卵随病残体遗留在土壤中越冬。一般可存活1～3年。第2年气候条件适宜时，越冬卵孵化为幼虫，幼虫继续发育侵入寄主，刺激根部细胞增生，形成根结或瘤状物。线虫发育至4龄时交尾产卵，雄虫离开寄主进入土中很快死亡。卵在根结里孵化发育，2龄后离开卵壳，进入土中再侵染或越冬。

该病主要以病土、病苗及灌溉水进行传播，线虫在土温为25～30℃、土壤持水量为40%左右时，发育快；10℃以下，幼虫停止活动；沙质土壤或土壤质地疏松，含盐量低的土壤，适宜线虫活动，有利于发病；连作地块发病重。该病除危害西瓜外，还可危害黄瓜、冬瓜、丝瓜等。

4. 防治方法

①轮作。根结线虫的寄主范围很广，瓜田可选择禾本科作物进行3年以上的轮作。②灌水灭虫。前作采收后，放水覆膜漫灌30天，以杀灭线虫。③选用无病土育苗，并施用鸡、鸭粪肥，不得用猪粪。带根结线虫病残体的粪肥，必须充分发酵后才能施用。④土壤处理。先进行旋耕整地，浇水保持土壤湿度，每亩用98%棉隆微粒剂20～30kg，进行沟施或撒施，旋耕机旋耕均匀，盖膜密封20天以上，揭开膜敞气15天后移栽。⑤药剂防治。0.6%阿维菌素（灭虫灵）乳油3000倍液浇根，每株浇200ml。

（十五）细菌性果斑病（BFB）

西瓜细菌性果斑病是西瓜的一种危险性病害，也是我国规定的检疫性病害。我国首次报道是陕西省合阳县种植的新红宝西瓜发现有水浸状烂瓜，认为可能是西瓜细菌性果斑病（张兴平，1990）。随后，河南省、山西省（张志章，1992）、黑龙江省（苗玉新，1993）等地均报道发生过西瓜细菌性果斑病，但没有病原菌的记录。1998年，张荣意等报道了海南省乐东黎族自治县、东方市1997年西瓜细菌性果斑病在果实和叶片上的危害症状，病原为燕麦噬酸菌西瓜亚种 *Acidovorax avenae* subsp.citrulli.（Schaad et al）Willems et al，又称细菌性果腐病（Bacterial fruit blotch，BFB）。

2002年11月至2003年1月，在海南省三亚市、陵水黎族自治县等地西瓜育苗场，发生BFB侵害西瓜嫁接苗，造成严重死苗，损失惨重。

1. 病状

整个生长期间均受侵染，主要在幼苗、果实上发病。子叶张开时，病叶出现水渍状黄色小点，沿叶脉逐渐发展成褐色坏死斑，随后侵染真叶，水渍状斑周围有黄色晕圈，病斑沿叶脉发展成暗棕色斑或不规则大斑。生长中期，田间湿度大，清晨有露水时，叶背病斑随处可见水渍状菌脓；严重时，正面也会出现，菌液干涸后呈灰白膜、发亮，叶片枯黄，病叶少脱落。瓜蔓、叶柄也被侵染（图5-18）。果实感病后，最初果皮上出现直径仅为几毫米的水渍状凹陷斑，近圆形；以后，病斑迅速发展，边缘不规则，呈暗绿色，渐呈褐色，数个病斑连成大斑，细菌则透过果皮侵入，果实腐烂。有的表皮龟裂，常溢出黏稠物，即透明琥珀色菌脓；严重时果实迅速腐烂，种子带菌。

2. 发病规律

病原主要在种子和土壤中的植株病残体上越冬，成为翌年发病的初次侵染源。田间瓜苗、其他葫芦科植物包括杂草，均为侵染源。病

图5-18 细菌性果斑病

菌主要通过伤口、气孔入侵，借风力、雨水、灌溉水、昆虫传播，以及在嫁接过程中以工具接触传染。该病的流行条件，一是有病原菌存在，当前主要是种子带菌，疫区土壤带菌；二是要具备发病条件，高温高湿可引发该病的流行。嫁接苗床可以远距离传播。因此，应从采种过程中切断侵染途径，加强检疫，从源头上防止BFB传播和流行。

3. 防治方法

①加强检疫。地区间引种或调种必须严格检疫，禁止销售未经检疫的种子。②建立无菌种子基地。制种田要相对集中；由专业技术人员根据病害防治规程，从播种到采收实施全程监控。③用于清洗种子的水源要清洁，洗净的种子要尽快干燥，以免病原菌在种子上大量繁殖。④对采种场所、器具、包装材料进行消毒。⑤用过氧乙酸及其商品"索那来"做种子消毒剂。将新采收的种子放入80mg/kg过氧乙酸悬浮液中浸泡30min，杀死细菌，而后把种子冲洗干净。过氧乙酸腐蚀性强，操作时应使用防护用品，防止被灼伤。⑥种子干热处理。将含水量为8%左右的西瓜种子在40℃下处理48h，再转入70℃处理72h。对种子进行干热处理，兼有钝化病毒，达到防治病毒病的效果。⑦与其他作物实行轮作，清除、烧毁田间病残体。⑧发病初期，喷14%络氨铜水剂300倍液或77%氢氧化铜（可杀得）可湿性微粒粉剂500倍液。

（十六）细菌性角斑病

细菌性角斑病是常见的细菌性病害，也是西瓜上的重要病害之一。主要为害西瓜、甜瓜、黄瓜、节瓜等。

1. 病状

主要发生在叶、叶柄、茎蔓、卷须及果实上。子叶得病生出圆形或不规则的黄褐色病斑；叶片上病斑开始为水渍状，以后扩大形成黄褐色、多角形病斑（图5-19），有时叶背面病部溢出白色菌脓，后期病斑干枯，易开裂；茎蔓和果实上病斑呈水渍状，表面溢出大量黏液，以后果实病斑处开裂，形成溃烂，从外向里扩展，可延及到种子。

2. 病原

由丁香假单胞杆菌〔*Pseudomonas syringae* pv.pisi(Sackett)Young et al.〕侵染引起。

3. 发病规律

病菌主要以菌丝或拟菌核随病残体在土壤内越冬，菌丝也可附着在种子上越冬。条件适宜时菌丝直接侵入子叶引起发病，多数情况下病菌产生大量分生孢子借雨水或浇水传播，形成初侵染。发病后病部产生分生孢子进行重复侵染。发病适宜温度22～27℃，适宜湿度85%～98%。

图5-19 细菌性角斑病

4. 防治方法

①种子处理。播前种子用55℃温水浸种15min，清水洗净后催芽播种。②清洁田园，消灭病源。生长期间或收获后清除病叶、病株并深埋，实行深耕。③药剂防治。77%氢氧化铜（可杀得）可湿性微粒粉剂500倍液，2%春雷霉素水剂400～750倍液喷雾。

二、非侵染性病害及防治

（一）生理性病害

西瓜生理性病害是指西瓜不适应环境因素导致生理障碍而引起的异常现象。在西瓜生长过程中，由于气候不适或栽培措施不当，均可引起生理失调，使西瓜正常生长受到抑制，导致产量降低，品质变劣。并且，生理性病害能诱发侵染性病害的发生。因此，及时识别和防治西瓜生理性病害，是西瓜获取高产的重要环节。

当前，西瓜设施栽培中，由于设施保温、采光等性能差，或者管理不当，不能满足西瓜生育的基本条件，发生的西瓜生理障碍更为突出。生理障碍一旦发生，难以控制，轻则延误生长季节，重则严重影响产量。因此，必须创造西瓜生长的适宜环境条件，避免生理性病害的发生。现将几种常见的生理性病害的防治方法介绍如下。

1. 僵苗

（1）症状　生长长期处于停滞状态，幼苗生长量小，展叶慢，新生叶叶色灰绿，叶片增厚、皱缩，组织僵硬；子叶和真叶变黄，地下部根发黄，甚至褐变，新生白根少。僵苗有别于由叶面肥（含生长调节剂）和农药使用不当所产生的生长点停止生长，叶形变小，叶缘反卷，叶片加厚、皱缩扭曲的症状。西瓜苗一旦发生僵苗，恢复

图5-20　僵苗

得很慢，会延误有利的生长季节，严重影响产量和效益。僵苗（图5-20）是西瓜苗期主要的生理障碍。

（2）病因　①苗床气温偏低，特别是土壤温度低，不能满足西瓜根系生长的基本温度要求。②育苗床土质黏重，土壤含水量高，在湿度大、通气不良的根区条件下发根困难，根的吸收能力差，定植后连续阴雨僵苗发生尤为严重。③营养土配制不当。苗床施用未经腐熟的有机肥，或未充分掺匀有机肥而引起烧根，从而影响地上部正常生长；或施用化肥较多，或化肥施于根部较近，土壤溶液浓度过高而伤根。④幼苗素质差，定植时苗龄过长，定植过程中根系损伤过多，或整地、定植时操作粗糙，根部架空、根与土没有紧密接触，影响发根。⑤种植后遇低温阴雨，气温低，土壤温度低、湿度大，或种植穴集中施用化肥和未腐熟的有机肥，造成伤根。⑥地下害虫为害根部。根系损伤或不适宜根系生长的土壤条

件是造成瓜苗发僵的根本原因。

（3）防治方法　①选择疏松、通透性好的园土或水稻土做营养土，尽量不用土质黏重的河泥。②改善育苗环境，采用地热线或地膜覆盖育苗，提高地温，培育生长正常、根系发育好、苗龄适当（自根苗30～35天，嫁接苗40～45天）的健壮苗。③苗床施用腐熟的有机肥，远离根部淡施复合肥或喷施叶面肥，防止伤根。④适时适量浇水，以免降低苗床温度和地温，不利根系生长。⑤移栽前注意炼苗。⑥适时定植，防止定植后遭受低温的影响，根据气象预报选择冷尾暖头晴天定植。⑦定植时采用高畦深沟，加强排水，适当浇施穴肥，促根生长。⑧防治蚂蚁等地下害虫。

2. 徒长苗

（1）症状　西瓜幼苗生长过于旺盛，出现徒长，表现为节间伸长，叶柄和叶身变长，叶色淡绿，叶质较薄、组织柔嫩。

（2）病因　苗床光照不足，温度过高，土壤和空气湿度高，在高温高湿、光照不足的条件下很容易发生。嫁接西瓜育苗过程中，砧木、接穗在温、光、气控制不当时，易出现徒长苗。徒长苗对低温适应性较差，容易发生冻害。

（3）防治方法　①苗床温度的管理应采取分段管理，适时通风、降湿，增加光照，避免温度过高，应用大温差管理，降低夜温。②合理调节光、温、湿。在光照不足的条件下，适当降低温度与湿度。

3. 细弱苗

（1）症状　西瓜幼苗的子叶小、色淡，真叶小及皱缩，茎细。

（2）病因　①育苗条件差，根系发育不良。②缺肥。

（3）防治方法　①改善育苗条件，采用营养钵、加温设施育苗。②苗床土或营养土适量拌入速效肥料，每立方土中加入硫酸钾型三元复合肥250g、过磷酸钙250g。③及时增施叶面肥，用0.2%～0.3%磷酸二氢钾或0.2%尿素喷施叶面。

4. 沤根

（1）症状　主要为害育苗西瓜、直播西瓜幼苗根部或根茎部，是西

图5-21 沤根

瓜育苗期常见的一种生理性病害（图5-21）。西瓜发生沤根时，根部不发新根或不定根，根皮变褐后腐烂，子叶和真叶变薄，呈黄绿色或乳黄色，叶缘焦枯，地上部萎蔫。子叶期出现沤根，子叶枯焦；真叶期发生沤根，真叶枯焦。病苗容易拔起，没有根毛，主根和须根变褐腐烂。地上部叶缘焦枯严重时，成片干枯，似缺素症。

（2）病因　①地温低于12℃，且持续时间长，再加上浇水过量或遇连阴雨天气，苗床温度和地温过低，苗会出现萎蔫，萎蔫持续时间长，就会出现沤根现象。②长期处于5～6℃低温，尤其夜间的低温，生长点会停止生长，老叶边缘逐渐变褐，致幼苗干枯死亡。

（3）防治方法　①采用快速育苗，如采用地热线、穴盘、营养钵等设施培育壮苗。②苗床应选在地势高燥、背风向阳、排水方便的地方。③做好苗床或营养土消毒，须用药剂处理苗床或营养土。④种子播种前用55℃温水浸泡15min，沥水后催芽播种。⑤加强苗床管理，苗床温度控制在20～30℃，地温保持在16℃以上，并做好苗床保温，防止冷风吹入。注意通风换气，实行小水勤浇，防止苗床湿度过大。还应根据天气情况充分利用设施特点，增强光照，促进幼苗生长。一旦发病应及时把病苗和邻近病土清除，并尽快提高地温，降低土壤湿度。

5. 叶缘白化

（1）症状　在第1真叶显现时，子叶和幼嫩真叶边缘失绿、白化，造成幼苗生长停滞。轻的可恢复生长，重者子叶和真叶干枯，只保留生长点，导致缓苗期长甚至僵苗，最为严重时子叶、真叶、生长点全部受冻致死。

（2）病因　由幼苗受冻、苗期通风不当、床温急剧降低所致。

设施西瓜高效栽培技术图解（第二版）

（3）防治方法　适时播种，改进苗床的保温措施，保证白天床温在20℃以上，夜间不低于15℃。出苗期早晨通风不宜过早，通风量逐步增加，不使苗床温度骤变而伤苗。

6. 封顶

（1）症状　西瓜幼苗生长点退化，不能正常抽生新叶，只有2片子叶，有的虽能形成1～2片真叶，但叶片萎缩，没有生长点（图5-22）。

（2）病因　①低温造成，幼苗生长点附有水珠。②陈种子生活力低。

（3）防治方法　①选用发芽势强的种子。②加强苗床温度的管理，及时通风，降低湿度。

图5-22　封顶

7. 异形苗

（1）症状　生长正常的西瓜苗子叶完整，大小一致、对称，生长点舒展。异形苗是指子叶缺损，生长点不能及时舒展而形成封顶苗，而后发生侧枝呈丛生状。

（2）病因　①种子发育不完全，种胚不完备，这在三倍体无子西瓜种子最为常见，有相当比例的大小胚、折叠胚。②种子不饱满或者是陈种子，生活力低。③种子在发芽过程中主根受机械损伤，由于西瓜根系再生能力差，幼苗根量很少，因而影响幼苗正常生长。④幼苗生长点受损或受某些物质的刺激。

（3）防治方法　①育苗时选用饱满、生活力强的新种子，以减少畸形苗、封顶苗的发生。②改进营养土结构和营养条件，加强苗床管理。③异形苗比例不高，移植时予以淘汰，不会给生产造成严重损失。对部分异形苗，通过加强管理，仍能使其恢复正常生产，可作为预备苗使用。

8. 叶片白枯

西瓜叶片白枯发生在生长中后期，易引进早衰，是一种生理上的老化现象。该生理性病害发生范围较广，影响产量。

（1）症状　在西瓜开花前后开始发生，至果实膨大期发病加剧，其症状是基部叶片和叶柄的表面硬化，叶片缺刻易折断，叶色变淡，逆光可见叶脉淡黄色的斑点，茸毛变白，硬化易折断，随后叶脉组织明显变黄，叶片黄化呈网纹状，进而叶肉黄化部褐变，几天后全叶变白，似蒙上一层白盐。由于呈不规则、浓淡不一和表面凹凸不平的白色斑，白化叶仅留绿色的叶脉和叶柄。

（2）病因　植株体内细胞分裂素类物质活性降低所致。据测定，白色茸毛中钙的含量为正常植株的3倍，叶片和叶柄内钙的含量也较正常植株为高。过度摘除侧枝，降低根的功能，易发生叶片白枯。

（3）防治方法　适当整枝；从始花期起每7天喷1次甲基托布津可湿性粉剂1500倍液。

9. 急性凋萎

（1）症状　急性凋萎是西瓜嫁接栽培中容易发生的一种生理性凋萎，其症状初期中午地上部萎蔫，傍晚尚能恢复，经3～4天反复后枯死，根颈部略膨大，但无其他异状。该病与侵染性枯萎病的区别在于根颈维管束不发生褐变，发生时期在坐果前后，在连续阴雨弱光条件下容易发生。经解剖观察，导管中的侵填体是导管周围的薄壁细胞从导管的侧膜膜孔处侵入导管内腔，形成袋状膨出物。膨出物含有原生质、细胞膜，开始尚能见到细胞核，但不能分裂，许多相邻的薄壁细胞侵入导管内腔，引起阻塞而导致萎蔫。

（2）病因　①与砧木种类有关，葫芦砧发生较多，南瓜砧很少发生。②从嫁接的方法来看，劈接较插接容易发病。③砧木根系吸收能力随着果实的膨大而降低，而叶面蒸腾则随叶面积的扩大而增加，根系的吸水能力不能适应蒸腾而导致凋萎。④过度整枝抑制了根系的生长，加深了吸水与蒸腾间的矛盾，导致凋萎加剧。⑤光照弱。遮光试验表明，弱光会提高葫芦、南瓜砧急性凋萎病的发生。急性凋萎可能是以上生理障碍的最终表现，其直接原因尚不清楚，故还需进一步研究。

（3）防治方法　目前防治方法主要是农业防治，如选择适宜的砧木，通过栽培管理增强根系的吸收能力等。

10. 空秧

（1）症状　植株营养生长过于旺盛，徒长，表现为节间伸长，叶柄和叶片变长，叶色绿，但叶质较薄。在坐果期表现为茎粗、叶大，叶色深绿，生长点上翘，雌花子房较大，但很难坐果。一部分雌花经授粉后结了幼果，但4～5天黄萎脱落。这些没有结果的植株称"空秧"。

（2）病因　①多雨地区栽培，选用生长势旺的大果型丰产品种，易造成徒长、空秧。②基肥用量特别是氮肥过多，伸蔓期追肥不当，肥水过多，易引起徒长。③前期整枝不及时，未能根据植株长势适当整枝控制植株长势。

（3）防治方法　①选择长势中等、易结果的品种。②合理用肥，增加磷、钾肥，前期控制氮肥用量是防止空秧的重要一环。③在不同生育期采用温度分段大温差管理技术，避免长期处于高温、高湿和弱光条件而引起徒长。④开花盛期坚持人工辅助授粉，争取主动，对于生长势强的田块或植株，可控制在低节位坐果，以利于调节营养生长和果实的发育。⑤合理整枝，改善田间通风透光条件，促进坐果。⑥对已造成疯苗长成空秧的，可采取去强留弱的方法，进行整枝，控制营养生长，缓和长势，再行授粉，以促进坐果。

11. 花异常

（1）症状　雄花着生节位低，雌花着生节位高，雄花比雌花开放早。雌花开放时雄花少，雄花发育不全、花粉少，影响早期结果。这是设施早熟栽培中出现的新问题，备受瓜农关注。

（2）病因　西瓜苗期基本上完成了花芽分化。在影响西瓜花芽分化的诸多因素中，温度是主要因素，较低的温度特别是较低的夜温有利于花芽分化，而且雄花节位低；反之，则分化节位高。雌花也有与此相同的趋势。早熟栽培，为促进幼苗生长，提高苗床温度，床温偏高是造成这一现象的主要原因。

（3）防治方法　①苗期温度的控制应兼顾瓜苗生长和花芽分化两个

方面，即白天以较高温度促进生长，夜间以较低温度促进花芽分化。当瓜苗具有 5 ～ 6 片真叶时，较高的温度有利于花器的发育。②不同品种花芽分化对温度的敏感性有差异，一般大果型品种表现不敏感。所以，提前培育少量普通品种瓜苗，并促进其生长，以提供花粉做早期授粉之用。

12. 畸形果

（1）症状　在果实的发育过程中，由于生理原因往往会产生一些不正常的果实，影响果实的外观形状和品质。这种畸形果有扁形果、尖嘴果、葫芦形果、偏头畸形果、棱角果等（图5-23）。

（2）病因　扁形果是低节位雌花所结的果，果实膨大期气温较低，果实扁圆，有肩，果皮增厚。一般圆形品种发生较多；设施栽培，因低温干燥、多肥、缺钙等原因而易产生扁形果。尖嘴果多发生在长果形品种上，果实先端渐尖，主要原因是果实发育期的营养和水分不足，果实不能充分膨大。葫芦果表现为先端较大，而果柄部位较小，长果形品种在肥水不足、坐果节位较远时，易发生葫芦果。偏头畸形果表现为果实发育不平衡，一侧生长正常，而另一侧发育停顿，这是由于授粉不均匀而引进的。授粉充分的一侧发育正常，切开后种子着生正常；而发育停顿的一侧表现种胚不发育，细胞膨大受阻。花芽分化中，受低温影响形成的畸形花，即使在正常气候条件下生长，果实亦表现为畸形。

图5-23　畸形果

（3）防治方法　减少畸形果是提高果实商品性的重要一环。除针对以上形成因素进行防范外，重要的是深耕土壤，增施有机肥，促根系发达；注意保温，促果实顺利膨大；并根据栽培目的控制坐果部位。人工授粉时，撒在柱头上的花粉要均匀。坐果期选留子房圆正的幼果，摘除畸形幼果。

13. 空洞果

（1）症状　空洞果有两种情况，一种从果实的横断面来看，从中心部沿着子房的心室裂开，这种空洞果发生在果实膨大的初期，果皮随着果实的肥大而不断增大，内部空心随之增大，果实表面纵向凹陷，由此从外观上可以判断为空洞果；另一种是纵裂空洞果，从果实的纵断面来看，在着生种子部位出现空洞（图5-24）。

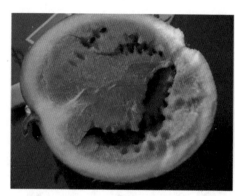
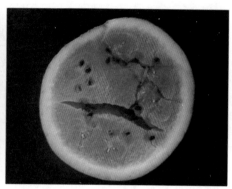

(a)纵裂　　　　　　　　　　　　　　(b)横裂

图5-24　空洞果

（2）病因　前一种空洞果大多是近根部低节位的变形果。低温时所结的果实往往发生空洞，这些果实因种子数量少，心室容积不能充分增大，遇低温干燥时，同化养分输送不足，种子周围没有很好膨大，以后又遇到高温，加快了成熟速度，促进了果皮的发育，最终形成空洞果。后一种空洞果是在果实膨大后期形成的，当时果实近种子部位已趋成熟，而靠近果皮附近的一部分组织仍在发育，由于果实内部组织发育不均衡，而使种子周围那一部分组织裂开。可能是由于以坐果节位为中心，下位叶和上位叶面积不等，同化养分失去平衡，果实膨大不均匀而造成纵裂。上位叶面积较大时，果实膨大期延长，容易形成纵裂果。

（3）防治方法　①在结果期要注意保温，让果实在适宜的温度条件下坐果和膨大。②保温条件差时，避免在低温期结果，可推迟坐果节位。③防止发生徒长和粗蔓，使同化养分正常运输至果实，保证果实的正常发育。④促进植株正常生长，增加同化效能，进行合理施肥、灌溉和整枝。

14. 黄带果

（1）症状　果实的中心或着生种子的胎座部分，从脐部至果梗处出现白色或黄色带状纤维，并继续发展为粗筋，这种果实称为黄带果（图5-25）或粗筋果。

（2）病因　果实的粗筋部分主要是集中的维管束和纤维，是运输养分和水分的通道，在正常果实膨大的初期，这些粗筋较为发达，而随着果实的膨大和成熟逐渐消失。但有些果实进入成熟期后，部分粗筋残留下来形成了黄带。土壤中缺钙、高温、干旱、土层干燥、缺硼等不利因素影响果实对钙的吸收，黄带果显著增加。

（3）防治方法　①合理施用氮肥，防止植株徒长，使植株营养生长和结果相协调，保证果实可以得到充足的同化物质和水分。②为了保证植株对钙、硼等营养元素的吸收，必须深耕土层，增施有机肥，覆盖地膜，防止土壤干燥。③保护好植株功能叶，以促进同化效能。

图5-25　黄带果

15. 脐腐果

（1）症状　长果形品种易在果脐部生长缢缩、干腐，形成局部褐色斑（图5-26），果实其他部分无异常。脐腐果的发生与品种有关，新红宝类型品种时有发生，而其他类型的品种较少发生。

（2）病因　一是土壤缺钙，植株对钙的吸收不足；二是土壤虽然不缺钙，但是土壤干旱而造成供水不足，影响对钙的吸收；三是土壤含盐量高，或施用硫酸铵、氯化钾过多，影响对钙的吸收。

图5-26　脐腐果

（3）防治方法　①对缺钙的酸性土壤施用石灰，以增加含钙量。②对碱性土壤应严格控制氮、钾肥的施用量，防止土壤含盐量过高而影响对钙的吸收。③土壤干旱时，要及时灌水，以利于植株对钙的吸收。④叶面喷洒0.3%～0.5%氯化钙或硝酸钙溶液，每周喷1次，连续喷2～3次，可取得明显效果。

16. 裂果

（1）症状　果实开裂（图5-27）可以分为田间裂果和采收期裂果。田间裂果，指在静止的状态下果皮爆裂；采收期裂果，指采收时震动引起裂果。

（2）病因　一般在花痕部分首先开裂。①田间裂果的主要原因是土壤水分发生骤变。在果实发育某一阶段，如果土壤水分少，果实发育受阻，突然遇雨或大量浇水，土壤水分剧增，果实迅速膨大而造成裂果。②果实发育初期因低温发育缓慢，之后突然迅速膨大而引起裂果。③换气不当或夜间低温，导致

图5-27　裂果

果皮硬化，易引起裂果。④植株生长过旺易引起裂果。⑤裂果与品种有关。果皮薄、质脆的品种易裂果。小果型品种皮薄，亦易裂果。

（3）防治方法　①肥水要均匀，防止土壤水分突然变化。②做好夜间覆盖保温，防止夜间低温。③小果型品种应采取不整枝或4蔓、5蔓整枝。④增施钾肥，提高果皮韧性。⑤傍晚时采收，可以减少裂果。

17. 恶变果（紫瓤）

（1）症状　发育成熟的果实，在外观上与正常果无异，但用手拍打发出"咚咚"的声音，与拍打熟瓜和生瓜时发出的声音不同，剖开后可见种子周围呈水浸状红紫色（图5-28），严重时种子周围细胞崩溃，像渗血状，果肉变硬，呈半透明状，同时可闻到一股异味，完全丧失食用价

值。这种现象在京欣1号、新红宝等品种上均有发生。

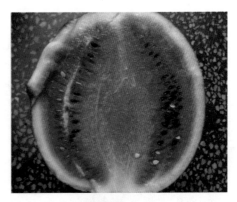

图5-28 恶变果

（2）病因 发生恶变果的原因是果实受高温或阳光直射，叶面积不足。在设施栽培中，土壤干燥，植株生长势弱，常易出现恶变果。生长末期，植株长势差，也易产生恶变果。此外，由于某些因素导致叶片受害，加上高温，使果肉内产生乙烯，引起异常呼吸，肉质劣变；坐果后的植株感染黄瓜绿斑花叶病毒，将引起果实的异常呼吸而发生果肉恶变。

（3）防治方法 深翻，多施有机肥，保持良好的通气性；挖深沟，做高畦，加强排水，保持土壤适当的水分；适当整枝，抑制根系生长；当叶面积不足或果实裸露时，应盖草遮阴；防止病毒病传播，除喷药防虫、切断病毒传播外，要注意防瓜田附近毒源植物的侵染。

（二）营养失调症

1. 氮素失调

（1）症状 植株缺氮时，表现植株瘦弱，生长速度缓慢，分枝减少，蔓茎短小，叶片小而薄，叶色淡或变黄。其症状由基部老叶向上发展，后期明显早衰。

氮素过剩时，植株的营养生长与生殖生长失调，表现为蔓叶生长过旺，叶面积系数过大，蔓先端向上翘，坐果困难，空株率增加，即使能坐果，也是果小，迟熟，含糖量少，产量低，品质差。

（2）病因 由于土壤缺氮或根系吸收氮素发生障碍；氮素过多，是由于土壤肥沃或偏施、重施氮肥及根系吸肥力旺盛所致。用南瓜做砧木的植株，由于南瓜根吸肥力强，在重施或偏施氮肥的情况下，极易出现氮素过剩症。

氮是组成植株细胞原生质中蛋白质的主要成分，是形成植物体的重要成分。氮也是叶绿素的主要成分，氮充足，叶绿素的含量就增加，叶色加深，光合作用加强。因此，适量的氮，能扩大叶面积及提高单位叶面积的同化作用，使碳水化合物的蓄积增多，提高果实的含糖量。

（3）防治方法　注意基肥和追肥中氮、磷、钾的比例，避免植株缺氮。对已发生缺氮的瓜田，要立即追施速效性氮肥。前期控制氮肥使用，合理追肥、重施结果肥。对已出现氮过剩症的瓜田，可促进坐果，适当整枝、打顶，并追施钾肥。

2. 缺磷

（1）症状　缺磷植株矮小，叶片少而且小，生长滞缓，出叶慢；叶色暗绿无光泽，根系发育不良，影响花芽分化；开花迟，结果不良，果实含糖量低，种子欠饱满。

（2）病因　由于土壤中缺少磷素或植株吸收磷素受抑制所致。在酸性土壤条件下，磷易被土壤中的铁、铝离子固定；在微碱性土壤中，磷易被钙离子固定，它的有效浓度很低，因此西瓜常易缺磷。低温条件下，会影响根系对有效磷的吸收。

磷是植株内磷脂、核蛋白等物质的重要组成部分。磷素供应充足，可使西瓜根系发达，增强植株吸收肥、水的能力，促进植株生长，加快发育进程，促使西瓜早开花，早坐果，早成熟。同时，还可提高植株抗病、抗寒和抗旱等能力。

（3）防治方法　增施厩肥、堆肥等有机肥，培肥土壤，增加土壤微生物活动，提高土壤有效磷的含量。酸性土施石灰，碱性土施硫黄，使土质趋向中性，减少磷的固定量，提高磷肥施用效果。合理施用磷肥，酸性土宜施钙镁磷肥，中性或偏碱性土宜施过磷酸钙。酸性或中性土壤，施高浓度的磷酸二铵效果好。施用磷肥宜早不宜迟，在苗床或移栽时施用，一般每亩施过磷酸钙10～15kg。

3. 缺钾

（1）症状　下部节位叶片边缘、叶尖黄化，并伴生褐斑，继而发展扩大，致使整个叶缘褐变坏死，叶片向内卷曲。在长期阴雨初晴情况下，易发生缺钾症，致使坐果困难，果实发育受阻，果形小，含糖量减少，品质下降。

（2）病因　西瓜需钾量高，而有机肥投入少，土壤中钾素不足（酸性红壤及新开垦地有机质少，有效钾含量低），土壤结构差，不利于根系生长。

钾是植物体内多种酶的催化剂。钾能促进叶片的光合作用及蛋白质的合成，加快光合产物的运转，增加果实含糖量，提高果实品质。钾也可以促进植株对氮素的吸收，提高氮肥的利用率，增强蔓的韧性。钾素还有利于纤维素和木质素的形成，提高植株对枯萎病等多种病害的抗性。

（3）防治方法　增施有机肥，改善土壤结构。发现缺钾症状，及时施用钾肥，一般每亩施硫酸钾 10 ～ 20kg。多雨地区和沙性土壤，钾肥应分次施用，以减少钾肥的流失。果实膨大期，可用 0.3% ～ 0.5% 的硫酸钾或硝酸钾溶液喷洒叶面，以补充钾素营养。

4. 缺钙

（1）症状　缺钙植株的新生部位如顶芽、根尖等生育停滞、萎缩，不能正常开展；展开的叶常发生"焦边"，果实顶端出现凹斑、褐腐甚至坏死，形成脐腐果。

（2）病因　土壤缺钙，土壤含盐量高，或施用硫酸铵、氯化钾等致使土壤盐浓度过高，土壤干旱，供水不足等所致。

（3）防治方法　同生理性病害脐腐果的防治。

5. 缺镁

（1）症状　叶片主脉附近及叶脉间出现黄化，随后逐渐扩大，叶脉间的叶肉均褪色而呈淡黄色，但叶脉仍呈绿色。黄化多从基部叶片开始，向上部叶片发展。症状严重时，全株呈黄绿色（图5-29）。

缺镁症易与缺钾、缺钙症状混同，应注意区分。缺钾特征是叶片黄化枯焦，而缺镁症状与缺铁症状相似，但缺铁症是发生在上部新叶，而缺镁症则发生在中下部叶片。

（2）病因　镁在土壤中淋溶性很强，如土壤供镁不足，则易发生缺镁症。多雨地区的砂性土壤更易发生缺镁症。过量施用钾盐、铵态氮后，钾、铵离子将破坏养分平衡，抑制西瓜对镁的吸收。

镁是叶绿素的组成成分。镁离子是很多酶的活化剂，可促进植株新陈代谢。它还与糖的代谢、氮的代谢、磷酸化作用、呼吸作用等有着密切的关系。西瓜缺镁时，叶绿素减少，光合作用降低，叶片中碳水化合物含量减少，可溶性氮化物的含量增加，因而容易诱发叶枯病等多种叶部病害。

图5-29　缺镁

图5-30　缺硼

（3）防治方法　土壤含镁量不足而引起的缺镁症，应增施镁肥。一般每亩施硫酸镁2～4kg，酸性土最好施镁石灰（用白云石烧制的石灰）50～100kg。由根部吸收障碍引进的缺镁症，一般用2%～3%硫酸镁溶液喷布叶面，隔5～7天喷1次，连续喷3～5次。控制氮、钾肥的使用，氮、钾肥最好分次使用，以减轻对镁吸收的影响。

6. 缺硼

（1）症状　缺硼植株生长受抑制，节间较短，严重时顶端枯萎，叶片表现褶皱不平、扭曲、变脆易断（图5-30），花小而少，果实发育不良，易畸形。

（2）病因　轻质沙土或高度分化的红黄壤因淋溶而缺硼；干旱的气候条件、干燥的土壤对硼的固定作用增强，降低了土壤中硼的有效性，因而使西瓜发生缺硼症。

（3）防治方法　增施有机肥，改进土壤结构，并每亩结合施硼砂1kg；控制氮肥使用，以增加对硼的吸收；长期干旱，土壤过于干燥时，应及时灌溉；植株表现出缺硼症状时，用0.5%硼酸水溶液喷洒叶面，每隔5～7天喷1次，连喷2～4次，植株基本上可恢复正常。

第三节

设施西瓜主要虫害及防治

一、小地老虎

小地老虎［*Agrotis ypsilon*（Rottemberg）］，属鳞翅目夜蛾科切根夜蛾亚科夜蛾的幼虫。俗称土蚕、切根虫。

1. 分布与为害

小地老虎是世界性虫害，我国各地均有分布，以雨量丰富、湿润地区为害最严重。小地老虎为杂食性害虫，以幼虫为害，咬断瓜苗的茎，造成缺苗。以春季为害最严重，夏秋也有为害。

2. 形态特征

成虫体长16～23mm，翅展42～54mm，全体灰褐色，有黑色斑纹，雄蛾触角丝状，雌蛾双栉齿状；前翅由内横线、外横线将全翅分为三段，有明显的肾状纹、环状纹、棒状纹和2个黑色剑状纹。在亚外缘上有2个尖端向内的楔形黑斑；后翅灰白色，翅脉及边缘呈黑褐色。老熟幼虫体长37～47mm，黑褐色，体表有黑色颗粒状突起，臀板黄褐色。蛹长18～24mm，赤褐色，有光泽。卵半圆形，表面有纵横隆起线。

3. 发生规律

小地老虎在我国1年发生2～7代。华北地区1年发生3～4代，长江流域1年发生4～5代。越冬虫态因地区而异。在华中、华东地区，以老熟幼虫、蛹和成虫越冬；在华南地区，可终年繁殖，无越冬现象。成虫昼伏夜出，喜食花蜜、糖醋液及其他发酵物，以黑光灯有较强的趋性。成虫产卵量可达1000粒左右，多散产在土缝和杂草叶背上。1～2龄幼虫昼夜活动，咬食幼茎、嫩叶；3龄虫以后，白天潜伏在土表下，夜间活动、为害，咬断瓜苗，并拖入土穴内取食。4～6龄时暴食，有假死现象，受惊就蜷曲成环形。该虫生育的适宜温度为18～26℃，空气相对湿度为70%。高温不利于其生育，30℃左右时，其羽化不完全，产卵量下降，初孵幼虫死亡率高。如头年秋季雨水多，耕作粗放和荒芜的地块，虫量多。

4. 防治方法

① 冬春季注意除草，消灭越冬幼虫。

② 移栽前，田间堆草诱集，人工捕捉。

③ 3月中下旬用黑光灯或糖醋液诱杀成虫。糖醋液配方是糖、醋、酒各1份，兑水100份，加入少量敌百虫。

④ 毒饵诱杀。用晶体敌百虫0.25kg，兑水4～5L，喷在20kg炒过的棉仁饼上，做成毒饵。傍晚将毒饵撒在幼苗周围，每亩用毒饵量约20kg；或用敌百虫0.5kg溶解在2.5～4L水中，喷在60～75kg菜叶或鲜草上，于傍晚撒在田间诱杀，每亩用量为7.5～10kg。虫害严重时，隔2～3天再用1次，防治效果良好。

⑤ 药剂防治。小地老虎3龄前抗药性差，且在地上部为害，是防治适期。每亩用2.5%敌百虫粉剂1.5～2kg喷粉。或用90%晶体敌百虫800～1000倍液、18.1%氯氰菊酯（富锐）乳油3000倍液喷洒地面。虫龄较大转入地下为害时，用50%辛硫磷乳油2000倍液灌根。

二、瓜蚜

瓜蚜（*Aphis gossypii* Glover），又名棉蚜、腻虫、蜜虫。属同翅目蚜科。

1. 分布与为害

瓜蚜（图5-31）是世界性害虫，分布很广，寄主植物众多。其中越冬寄主（第1寄主）有花椒、木槿、石榴以及车前草、夏枯草等，侨居寄主（第2寄主）有棉花、瓜类、豆科、菊科植物，以棉花和瓜类为重要寄主作物。

以成蚜、若蚜在瓜类叶背面和嫩茎上吸食汁液，造成叶片向背面卷缩，生长受到抑制，其分泌的蜜露受真菌的寄生，叶片上产生煤污，影响光合作用。蚜虫又是传播病毒的媒介。

2. 形态特征

从越冬卵孵化出的蚜虫称干母。分无翅胎生雌蚜、有翅胎生雌蚜、产卵雌蚜、雄蚜等。无翅胎生雌蚜体长1.5～1.9mm，无翅，体色在春秋季为绿色，夏季高温时为黄绿色，体型小，称伏蚜。有翅胎生雌蚜体长1.2～1.9mm，体色为黑绿色至黄色，翅两对。产卵雌蚜无翅，体长1.3～1.9mm，体色为草绿色，透过表皮可见腹中的卵。雄蚜狭长卵形，有翅，体色有绿色、灰黄色或赤褐色。若蚜共4龄，形如成蚜，复眼红色，体被蜡粉，有翅若蚜2龄后出现翅芽。

蚜虫1年发生20～30代。受精卵在第1寄主上越冬，春季孵化出来的干母全部是无翅胎生雌蚜，其后代为干雌，大部分无翅，仍营孤雌胎生，少数为有翅迁移蚜。干雌的下一代大部为有翅迁移蚜，飞至第2寄主蔓延为害。晚秋产生有翅迁移蚜陆续迁回第1寄主，雌雄交配，产卵越冬。

瓜蚜生活周期短，早春和晚秋季节10多天1代，夏季4天左右1代，繁殖快，在短期内种群迅速扩大。气候因素影响种群数量。下小雨天气，或阴天，气温下降，有利于繁殖，种群迅速扩大。暴风雨常使种群锐减。有翅蚜对黄色和橙黄色趋性强。

3. 防治方法

① 清除田间杂草，消灭越冬卵。在有翅蚜迁飞前用药杀灭，用敌敌畏烟熏剂或杀蚜烟熏剂熏蒸，以减少产区虫源。

② 物理防治。有翅蚜对黄色有趋性，而灰色对它则有驱避作用。利用此特性，在瓜田设置黄色板，上面涂上凡士林或机油，以诱杀蚜虫。用银灰色塑料膜遮盖，以驱避蚜虫。田间挂放银灰色薄膜条，驱避降落在寄主上传播病毒病的有翅蚜。

③ 大田防治。选用22%氟啶虫胺腈（特福力）悬浮剂3000倍液、50%辛硫磷乳油1000～1500倍液、1%阿维菌素（杀虫素）乳油1000～1500倍液喷雾。

三、瓜叶螨

属蛛形纲蜱螨目叶螨科，为害瓜类的有若干种。以下介绍分布最广、为害严重的朱砂叶螨 [*Tetranychus cinnabarinus*（Boisdural）]（图5-32）和近几年为害越趋严重的二斑叶螨（黄蜘蛛）（*Tetranychus urticae* Koch）（图5-33）的防治。

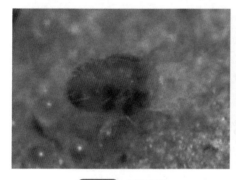
图5-32 朱砂叶螨

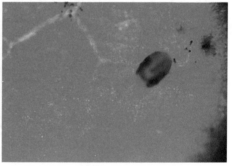
图5-33 二斑叶螨

1. 分布与为害

瓜叶螨在我国分布广泛，为害严重。为多食性害虫，主要为害瓜类、果树和蔬菜，以成虫和若虫在叶背面吸食汁液，形成淡黄色斑点，叶片逐渐失绿而枯黄，直至干枯脱落，影响西瓜产量和品质。

2. 形态特征

朱砂叶螨雌螨体长0.48～0.55mm，宽0.35mm，体形椭圆，体色常随寄主而变化。基本色调为锈红色或深红色，体背两侧有长条块状黑斑2对。雄螨体长0.35mm，宽0.19mm，近菱形，头胸部前端近圆形，腹部末端稍尖，体色比雌虫淡。卵圆球形，直径约0.13mm，初产无色透明，渐变淡黄，孵化前微红。幼螨足3对，体近圆形。初孵化身体透明，取食后变暗绿，蜕皮后变第1若螨，再蜕皮为第2若螨，足4对。第2若螨蜕皮后为成螨。

二斑叶螨雌螨体长0.42～0.59mm，体形椭圆，体背有刚毛26根，排成6横排，体背两侧各具1块黑色长斑。体色为白色、黄白色，取食后呈浓绿、褐绿色；当密度大，或种群迁移前体色变为橙黄色。在生长季节绝无红色个体出现。滞育型体呈淡红色，体侧无斑。与朱砂叶螨的最大区别为在生长季节无红色个体。雄螨体长0.26mm，近卵圆形，前端近圆形，腹末较尖，多呈绿色，与朱砂叶螨难以区分。卵球形，长0.13mm，光滑，初产为乳白色，渐变橙黄色，将孵化时出现红色眼点。初孵时近圆形，体长0.15mm，白色，取食后变暗绿色，眼红色，足3对。前若螨体长0.21mm，近卵圆形，足4对，色变深，体背出现色斑。后若螨体长0.36mm，与成螨相似。

3. 发生规律

叶螨每年发生10～20代，主要以雌成虫过冬，在10月迁至杂草和作物的枯枝落叶及土缝中越冬。在南方气温高的地方，冬季在杂草、绿肥上仍可取食，并不断繁殖。春季气温为6℃时，即可出蛰为害，气温上升到10℃以上时，开始大量繁殖。繁殖方式以两性生殖为主，也可营孤雌生殖。一般3～4月先在杂草和其他寄主作物上取食，4月下旬至5月上中旬迁入瓜田。在杂草多的田边植株受害较重，先是点片发生，以后随着大量繁殖，以受害株为中心向周围扩散，先为害植株下部叶片，然后向上蔓延，借爬行、风力、流水、农机具等传播。叶螨发育最适温度为25～29℃，最适空气相对湿度为35%～55%，故少雨、干燥季节和地区受害严重。夏秋多雨，对其有抑制作用。

叶螨的天敌较多，有捕食性螨、捕食性蓟马、深点食螨瓢、小花蝽、草蛉、草间小黑蛛、三突花蛛等。

4. 防治方法

① 农业防治。进行轮作，冬前铲除田内外杂草，翻耕土壤，减少成螨越冬条件。该虫早期为害基部叶，可摘除老叶销毁。合理施肥，促使瓜苗茁壮成长，以提高抗病力。

② 药剂防治。杀螨剂种类比较多，可根据田间叶螨的发生情况选用。在叶螨发生初期，可用杀卵、幼螨、若螨，效果好，不杀成螨，但对所产的卵有抑制孵化的药剂，如5%噻螨酮（尼索朗）乳油2000倍液。在叶螨发生量较大时，可用1%阿维菌素（虫螨杀星）乳油1500倍液、1.8%阿维菌素（虫螨杀星）乳油5000倍液、1%阿维菌素（杀虫素）乳油1000～1500倍液、50%苯丁锡（托尔克）可湿粉剂4000倍液、73%炔螨特（克螨特）乳油1500～2000倍液、11%乙螨唑（来福禄）悬浮剂2000倍液、20%丁氟螨酯（金满枝）悬浮剂1500倍液、43%联苯肼酯（爱卡螨）悬浮剂3000倍液喷雾。喷药时，应喷布叶片背面、枝蔓嫩梢、花器及幼瓜等，喷布要均匀周到。

四、美洲斑潜蝇

美洲斑潜蝇（*Liriomyza sativae* Blanchard），属双翅目潜蝇科。斑潜蝇有多种，以下介绍美洲斑潜蝇的防治。

1. 分布与为害

该虫遍布美洲、非洲、亚洲、大洋洲许多国家。我国广东等12个省、市、自治区均有发生。美洲斑潜蝇寄主范围很广，主要为害瓜类、豆类、茄果类作物。

斑潜蝇以幼虫在叶片中潜食叶肉，形成弯曲盘绕的隧道，一般端部较大，粪便排在隧道两侧（图5-34）。幼虫啮食叶肉，影响作物光合作用，重者叶片枯萎、早落，果实被阳光灼伤，甚至整株枯死。它还能传播几种植物病毒。

2. 形态特征

成虫体长2～2.5mm，中胸背板亮黑色，头部触角和颜面为鲜黄色，复眼后缘黑色，外顶鬃着生处黑褐色，触角第3节小而圆，有明显的小毛丛。中胸侧片以黄色为主，有大小不等的黑色区域，腹侧片大部分为一大黑三角区域覆

图5-34 美洲斑潜蝇

盖，但此区总有一黄色宽边。中胸背板每侧有背中鬃4根，中鬃排列不规则。足基节和腿节鲜黄色，胫节和跗节较黑，前足黄褐色，后足黑褐色。腹部大部分黑色，各背板的边缘有宽窄不等的黄色边。翅腋瓣黄色，但边缘及缘毛黑色。翅长1.3～1.7mm。雄性外生殖器基阳体色深，精泵褐色，叶片两侧边稍不对称。潜叶蝇类有一些近似种，常混合发生，识别的方法，除根据上述外部形态特征外，主要依靠雄性外生殖器来区分。卵椭圆形。幼虫1龄几乎透明，2龄黄色至橙黄色，3龄老熟约3mm，是2龄的4～5倍。围蛹，浅橘黄色。

3. 发生规律

华北、华中地区1年发生10～12代，华南1年发生17～20代。夏季完成一代需15天，冬季在广州则约需60天。此虫对温度敏感，生育适温为20～30℃，30℃以上持续1周田间有自然死亡现象，春末夏初气温上升，生长加速，为害严重。5～10月为发生盛期，在此期间出现两个高峰期，第1次在5月上旬至8月上旬；第2次为最高峰，在9月中旬至10月下旬。

夏秋季卵历期为2天，幼虫期6天，幼虫老熟后咬破"隧道"上的表皮爬出化蛹。一般落地化蛹，也有的在叶片表面化蛹。蛹期约8天。成虫在上午9～11时和下午2～4时活动较强，卵孵化和成虫羽化大都在此阶段。成虫羽化后，当天开始交尾，翌日即可产卵，卵多产在叶片背面，每雌虫产400～500粒。产卵时刺伤叶片，将卵产于上下表皮的叶肉中。成虫多在刺伤处吸取植株叶片的汁液为害，在叶片上造成近圆形

刻点状凹陷，成虫寿命10～15天。

4. 防治方法

① 加强检疫，防止传播蔓延。美洲斑潜蝇是检疫对象，主要是靠害虫附着在寄主植物上，如蔬菜、花卉、苗木或包装物远距离传播。因此，应加强检疫。

② 清洁田园。早春及时清除田间和地边杂草及栽培寄主老叶。田间发现被害叶片时，及早摘除集中烧毁。收获后，及时清除残体老叶，集中做高温堆肥或烧毁，以降低虫口密度。

③ 生物防治。美洲斑潜蝇寄生蜂种类较多，主要有姬小蜂科的釉姬小蜂、新釉姬小蜂等。一般寄生率为20%左右；不施药时，寄生率可达60%以上。

④ 物理防治。利用成虫趋黄色的习性，用黄色粘蝇纸、黄盘、黄板诱杀。具体方法同瓜蚜的防治。

⑤ 化学防治。做好田间监测，定期做田间调查，发现每3片叶子有1头幼虫或蛹，或每180片叶中有25头幼虫或蛹，是施药时期。根据田间监测，在成虫高峰和卵孵化高峰期施药，以幼虫1～2龄时防治最好，大了不好治。常用的药剂有50%灭蝇胺（潜克）可湿性粉剂3500倍液、1.8%阿维菌素（虫螨杀星）乳油5000倍液、1%阿维菌素（杀虫素）乳油1000～1500倍液等。幼虫有早晚爬到叶面上活动的习性，故在傍晚和早上打药效果最好。

五、蓟马

为害西瓜的蓟马有黄蓟马（*Thrips flavus* Schrank, 又名瓜蓟马）和烟蓟马（*Thrips tabaci* Lindeman, 又名棉蓟马、葱蓟马）。属缨翅目蓟马科。

1. 分布与为害

黄蓟马分布在华中、华南地区，烟蓟马分布广泛，我国各地均有分布。蓟马以成虫和若虫锉吸心叶、嫩芽和幼果的汁液，致使心叶不能展

开，生长点萎缩（图5-35）。幼瓜
受害后，表皮呈锈色，幼瓜畸形，
生长缓慢，严重时造成落果。成瓜
受害后，表皮粗糙有斑痕，极少茸
毛，或带有褐色波纹，或整个瓜皮
布满"锈皮"，呈畸形。

图5-35　蓟马

2. 形态特征

黄蓟马成虫体黄色，触角7
节，第1、第2节为橙色，第3节
为黄色，第4节基部黄色、端部灰
黑色，第5~7节灰黑色。雌虫体长1~1.1mm，雄虫体长0.8~0.9mm。
卵长椭圆形，淡黄色。第1龄若虫体长0.3~0.5mm，乳白色至淡黄色。
第2龄若虫体长0.6~1.1mm，淡黄色。烟蓟马雌虫体长1.2mm，体淡棕
色，触角第4、第5节末端色较浓，腹部第2~8节前缘有两端略细的栗
棕色横条。

3. 发生规律

蓟马1年发生10多代，世代重叠。以成虫潜伏在土块、土缝下和枯
枝落叶间过冬，少数以若虫过冬，翌年温度为12℃时开始活动。孤雌生
殖，雌虫产卵于嫩叶组织。蓟马以成虫和1~2龄若虫取食为害。蓟马
喜温暖干燥。黄蓟马发育最适温度为25~30℃，烟蓟马在15~25℃
时生长发育繁殖最快。蓟马若虫在土内化蛹，田间表层土壤含水量在
9%~18%时，对化蛹、羽化较为适宜。

蓟马的天敌有南方小花蝽、亚非草蛉、白脸草蛉、梯阶脉褐蛉、塔
六点蓟马和蜘蛛类等。

4. 防治方法

① 清除杂草，加强肥水管理，促使植株生长旺盛。

② 在蓟马发生时，及时施药。选用6%乙基多杀菌素（艾绿士）悬
浮剂2000倍液或50%苯丁锡（托尔克）可湿粉剂4000倍液喷雾，连续用

设施西瓜高效栽培技术图解（第二版）

药2～3次，药剂要交替使用。

六、温室烟粉虱

温室烟粉虱 [*Bemisia tabaci*（Gennadius）]，属同翅目粉虱科。

1. 分布与为害

烟粉虱（图5-36）是一种多食性害虫，在北方地区每年发生10代左右，世代重叠严重。寄主范围广泛，除危害西瓜、番茄、黄瓜、西葫芦、茄子、豆类、十字花科蔬菜以及果树、花卉、棉花等作物外，还能寄生于多种杂草上。烟粉虱以成虫、若虫刺吸植株汁液为害，造成植株长势衰弱，甚至整株死亡，并可传播30种植物上的70多种病毒病。若虫和成虫还分泌蜜露，诱发煤污病，严重时，叶片呈黑色，影响光合作用。烟粉虱发生盛期在7～9月，9月底开始陆续迁入温室为害。烟粉虱发育速率快，繁殖率高，具有极强的爆发性。由于该虫在寄主植物叶片的背面取食为害，具有较强的隐蔽性。

2. 形态特征

卵长梨形，有卵柄，大多产于叶片背面，初产时淡黄绿色，孵化前颜色加深，呈深褐色。若虫共3龄，淡绿至黄色。第1龄若虫有触角和足，能爬行迁移。第1次蜕皮后，触角及足退化，固定在植株上取食。第3龄蜕皮后形成蛹，蜕下的皮硬化成蛹壳。蛹淡绿色或黄色，蛹壳边缘扁薄，无周缘蜡丝，蛹背蜡丝有无常随寄主而异。成虫体淡黄白色，体长0.85～0.91mm，翅白色，披蜡粉无斑点，前翅脉一条不分叉，静止时左右翅合拢呈屋脊状。

3. 发生规律

烟粉虱发育分卵、若虫、成虫

图5-36 烟粉虱

3个阶段。若虫3龄，通常将第3龄若虫蜕皮后形成的蛹，称伪蛹或拟蛹。蜕下的皮硬化成蛹壳。在热带和亚热带地区1年可发生11～15代，有世代重叠现象。在25℃条件下，从卵发育到成虫需18～30天，成虫在适合的寄主上平均产卵200粒以上。

4. 防治方法

① 培育"无虫苗"。育苗时把苗床和生产大棚分开，育苗前用高浓度药剂熏蒸苗床，彻底清除残虫和杂草，防止将虫苗带入大田。

② 黄板诱杀。具体方法同蚜虫防治。

③ 生物防治。烟粉虱有恩蚜小蜂和浆角蚜小蜂等45种寄生性天敌；有瓢虫、草蛉、花蝽等62种捕食性天敌；有拟青霉、轮枝菌等7种虫生真菌。

④ 药剂防治。在烟粉虱初发时，可用25％噻嗪酮（扑虱灵）可湿性粉剂1000倍液、25％噻虫嗪（阿克泰）水分散粒剂7500倍液防治，每3～5天1次，连续防治2～3次。在虫口密度高时，可使用2.5％联苯菊酯（天王星）乳油1000～1500倍液、22.4%螺虫乙酯（亩旺特）1500倍液、22%氟啶虫胺腈（特福力）悬浮剂3000倍液防治。采收前5～7天停止用药。使用药剂防治时，为避免烟粉虱产生抗性，应注意轮换使用不同药剂；并注意用药温度，以免产生药害。

七、瓜绢螟

瓜绢螟［*Diaphania indica*（Saunders）］，又称瓜螟、瓜野螟，属鳞翅目螟蛾科。

1. 分布与为害

分布于河南、江苏、浙江、湖北、江西、四川、贵州、福建、广东、广西、云南及台湾等地。瓜绢螟主要寄主是葫芦科植物，如黄瓜、丝瓜、西瓜、甜瓜等，其他寄主尚有茄子、番茄、马铃薯等。幼虫危害寄主的叶片，能吐丝把叶片连缀，左右卷起，幼虫在卷叶内为害，严重时仅存叶脉，甚至蛀入果实及茎部（图5-37）。

2. 形态特征

成虫翅展23～26mm，白色带丝绢般闪光，翅白色半透明，闪金属紫光。前翅沿前缘及外缘各有一淡黑褐色带，翅面其余部分为白色，缘毛黑褐色。卵扁平椭圆形、淡黄色，表面有网状纹。老熟幼虫体长26mm。头部、前胸背板淡褐色，胴部草绿色。亚背线呈两条宽白纵带。

图5-37　瓜绢螟

3. 发生规律

在江西南昌1年发生4～5代，广州1年发生5～6代，以老熟幼虫或蛹在寄主枯卷叶或表土越冬。广州地区幼虫一般在4～5月开始出现，6～7月虫口密度渐增，8～9月盛发，10月后虫口密度又下降，随后即以幼虫在枯卷叶或表土越冬。成虫昼伏夜出，有趋光性。雌虫交配后即可产卵，卵粒多产在叶片背面，散产或几粒成堆。幼虫孵化时，首先取食叶片背面的叶肉，被食害的叶片有灰白色斑块。幼虫发育到3龄后能吐丝将叶片连缀，匿居其中危害。此时可吃光全叶，仅存叶脉，或蛀入幼果及花中为害，也可潜蛀瓜藤，幼虫较活泼，遇惊即吐丝下垂，转移他处为害。幼虫老熟后在被害卷叶内作白色薄茧化蛹，或在根际表土中化蛹。温度25～30℃时，幼虫期9～14天，蛹期4～8天。

4. 防治方法

① 前作采收后，即将枯藤落叶收集沤埋或烧毁，以压低越冬虫口密度。

② 幼虫发生期，人工摘除卷叶，集中处理。

③ 药剂防治。应掌握幼虫孵化高峰施药。药剂可选用10%虫螨腈（除尽）悬浮剂1500倍液、20%虫酰肼（米满）悬浮剂1500倍液喷雾。

第六章

设施西瓜采收和
采后处理

第一节

西瓜采收

西瓜采摘的成熟度，对果实的品质至关重要，采收过早过迟都会影响产量和品质。适度成熟的瓜，充分表现其品种特性，如西瓜瓤色鲜艳、含糖量高、质脆而汁多、纤维少、品质好、风味佳。当每一批次瓜成熟时，就要及时采收。

一、成熟度的判断方法

（一）坐果后天数与积温法

西瓜从开花到成熟需要一定的积温，一般早中熟品种从开花到成熟需700 ~ 800℃，晚熟品种需要1000℃左右。根据授粉坐果日期及温度高低，长季节栽培春季第一批瓜成熟期，一般中型瓜掌握在40天左右，小型瓜32天左右即可；第二批果实成熟期，中型瓜掌握在30天左右，小型瓜27天左右；夏秋高温季节果实成熟期，中型瓜掌握在25 ~ 27天，小型瓜22天左右。故采用挂牌计算坐果后天数鉴定果实成熟度的方法对瓜农最为可靠。具体做法是在西瓜开花进行人工授粉时，及时挂不同颜色绳子或用扑克牌做标记，到果实成熟时按坐果日期采收。但要注意同一品种坐果节位和果实发育期间的气温对果实成熟快慢影响较大，若坐果节位低（即离根近）、果实发育期间温度高，则开花采收天数应相应缩短，反之，则延长。因此，在大批量采收同一批授粉瓜前，要品尝，以检验瓜的成熟度。

（二）观察法

根据果实形态判断成熟与否。西瓜成熟后一般果皮光滑、有光泽，花纹清晰，呈现本品种特有的熟瓜皮色，果实脐部（花冠脱落处）和果蒂（果柄着生处）部位向里收缩、凹陷，果实着地部分转黄变粗糙，果柄刚毛稀疏变黄脱落，即为熟瓜。另外，与果实同节或前面一节卷须和小叶变黄或枯萎，也可作为果实成熟的标志。但以上形态指标未必绝对可靠，因植株长势强弱有所不同会出现差异，如在西瓜长季节栽培中，第一、第二批瓜收瓜期茎叶生长旺盛，果实虽已成熟，但卷须并不一定枯萎，第三、第四批瓜的茎叶长势衰败，卷须虽已枯萎，但果实也未必完全成熟。因此，还应结合其他条件综合判断。

（三）听声法

成熟的西瓜用手抚摸瓜面有光滑感，用手指弹瓜发出"嘭嘭"的浊音，未成熟的瓜发出的声音是"噔噔"的实音，如果发音"噗噗"则是过熟瓜。应注意的是，结果期雨水较多时，弹瓜后听到的声音虽是实音，但瓜却是熟的。此外，有些紧皮品种，果实成熟后用手指弹仍是"噔噔"的实音应区别对待。

（四）相对密度法

一般成熟西瓜的相对密度在0.9～0.95，大于这个范围表示尚未成熟，小于0.9则该瓜已过熟，因为西瓜成熟时，细胞内空胞增大，果肉细胞的中胶层开始解离，细胞间隙充满空气，种子处胎坐组织空隙加大，所以相对密度降低。用手托瓜感到发轻，用手轻拍瓜面，手心感到微微发颤为熟瓜。

在实际应用中，为准确无误地判断西瓜成熟与否，应该用"眼看、耳听、手托"等多种手段综合判断，也可试吃。

二、采收标准与方法

采收除根据成熟度外，还应根据市场行情、目标市场、运输时间等因素来确定。当地供应，应采摘九成以上熟的瓜，于当日下午或次日供应市场，长途运输外销时，可适当提前1～2天，采摘八九成熟的瓜，切忌采生瓜。

目前市场上供应的部分西瓜品质欠佳，除品种本身特性及混杂退化等因素外，采摘生瓜是一个重要原因，采摘生瓜现象在春季设施栽培中较为突出。瓜农之所以采收生瓜，除了对西瓜成熟度缺乏鉴别经验外，主要是人为因素，因追求早上市所带来的产量与收益，而忽视产品品质，损害消费者的利益，认为早期瓜价格高，生瓜分量重，早采收对后期产量有利，严重影响产品的信誉度，失去市场品牌，反而得不偿失。

采收西瓜应选择晴天上午露水干后进行，切忌在高温季节中午烈日下采收，皮薄易裂西瓜品种应在傍晚采收，以防裂瓜。采收时用剪刀将果柄从基部剪断，不伤及其他瓜蔓，每个果留一段绿色的果柄，并轻拿轻放，防止外伤和内伤。

第二节

西瓜采后处理

采收后的瓜，要分级堆放，及时包装、储存，以便销售。

一、分级

根据果形、果皮、剖面、成熟度、口感、整洁度、伤害等内外观指标进行分级，各级果必须新鲜，无裂果，果面光亮、条纹清晰，具本瓜成熟后固有的色泽和正常风味。

二、包装

采用瓦楞纸箱作为包装容器，纸箱无受潮、离层现象，技术要求应符合GB/T 6543—2008的要求，箱体应标明"怕热""怕湿""小心轻放""堆码高度"等储运图示标志，应符合GB/T 191—2008规定。装箱前，每个果实贴上商标，并用泡沫网套好，两头用牛皮筋扎牢，护瓜；装箱后，标签、技术要求应符合GB 7718—2011的规定（图6-1）。

图6-1 包装

三、储藏保鲜

西瓜临时储存时，宜在通风、阴凉、清洁、干燥、卫生的场所进行，堆码整齐，防止挤压损伤，防日晒、雨淋、冻害及有毒物质的污染（图6-2）。较长时间储存，应存入低温冷库，入库前先逐步降温预冷，再按品种、规格分别储存于适宜的温度和空气相对湿度的冷库中，严禁与其他有毒、有异味、有害、发霉、散热及传播病虫害的物品混合存放。储存过程中应经常进行检查，发现病瓜立即清除。

图6-2 储藏

四、运输

在装卸运输中应快装快运、轻装轻放，运输途中应防曝晒、雨淋。运输散装瓜时，运输工具底部及四周与果接触的地方应加棉絮等铺垫物。

［1］王娟娟，李莉，尚怀国.我国西瓜甜瓜产业现状与对策建议.中国瓜菜，2020, 33(5): 69～73.

［2］联合国粮食及农业组织.FAOSTAT数据库［EB/OL］.2020-03-04. http://www.fao. org/faostat/en/#dat.

［3］蒋有条，林燚，黄文斌.西瓜无公害高效栽培.北京：金盾出版社，2003.

［4］蒋有条.西瓜.北京：中国农业科学技术出版社，2003.

［5］林燚.西瓜设施栽培.北京：中国农业科学技术出版社，2007.

［6］林燚.棚栽西瓜关键技术百问百答.北京：中国农业出版社，2008.

［7］别之龙.西瓜优良品种与丰产栽培技术.北京：化学工业出版社，2011.

［8］潘慧锋，胡美华.西瓜、甜瓜标准化生产技术.杭州：浙江科学技术出版社，2008.

［9］林燚，柯夏生，江学文.大棚西瓜增施CO_2气肥效果初探.中国西瓜甜瓜，2003, (1): 14-15.

［10］林燚，张明方，杨瑜斌.小型西瓜新品种小芳的特征特性与栽培技术.农业科技通讯，2008, (10): 165-166.

［11］林燚，杨瑜斌，王驰.不同育苗因子对西瓜工厂化嫁接育苗的影响.中国瓜菜，2014, 27(3): 46～49.

［12］林燚，杨瑜斌.西瓜工厂化嫁接育苗技术.现代农业科技，2006, (8): 19-20.

［13］林燚，杨瑜斌，王驰.西瓜工厂化嫁接育苗的常见问题及解决措施.中国蔬菜，2011, (21): 53-54.

［14］朱正斌，林燚，杨瑜斌.早佳嫁接西瓜种植密度试验.中国西瓜甜瓜，2005,（3）: 16-17.

［15］林燚，杨瑜斌，朱正斌.不同砧木对早佳西瓜产量与品质的影响.浙江农业科学，2004,（增刊）: 171-173.

［16］林燚，杨瑜斌，朱正斌.不同施肥量对嫁接西瓜产量与品质的影响.上海蔬菜，2004, (4): 66.

［17］林燚，杨瑜斌.早佳西瓜嫁接栽培关键技术探讨.现代农业科技，2005, (20): 37-38.

［18］林燚，毛玲荣，张明方.早佳嫁接西瓜特征特性与栽培技术.浙江农业科学，2003, (6): 294-296.

［19］林燚，杨瑜斌，朱正斌.浙江温岭大棚嫁接西瓜长季节栽培技术.中国瓜菜，2005, 6(12): 16-17.

[20] 林燚，杨瑜斌，毛玲荣．连作设施西瓜优质丰产栽培技术研究．现代农业科技，2006, (9): 15-18.

[21] 林燚，蔡美艳，杨瑜斌．不同栽培方式对小芳西瓜生长发育的影响．农业科技通讯，2008, (1): 117-119.

[22] 林燚，张明方，杨景华．西瓜花粉长期保存与授粉技术．中国蔬菜，2015, (11): 91 ~ 92.

[23] 胡美华，杨凤丽，佘国兴．嫁接小西瓜大棚网架高效栽培技术．中国蔬菜，2015, (7): 84 ~ 86.

[24] 林燚．设施西瓜根腐病发生规律及防治技术．现代农业科技，2006, (10): 79-80.

[25] 林燚，杨瑜斌，王驰．温台地区西瓜发生黄瓜绿斑驳花叶病毒病调查初报．浙江农业科学，2012, (1): 83-85.

[26] 林燚，王驰，杨瑜斌．温岭市黄瓜绿斑驳花叶病毒病的发生与防控技术．农业科技通讯，2014, (4): 259-260.

[27] 林燚，蒋有条，杨瑜斌．西瓜苗期生理性病害的识别与防治．长江蔬菜，2004, (4): 28-29.

[28] 林燚，杨瑜斌，王驰．西瓜生理性病害的识别与防治．北方园艺，2011, (21): 131-132.

[29] 林燚，杨瑜斌，王驰．西瓜营养失调症的识别及补救．中国瓜菜，2010, 23(6): 44-45.